ノー・ニュークスで生きる権利

―原発メーカー訴訟から新しい社会へ

島 昭宏

創史社

ノー・ニュークスで生きる権利　もくじ

はじめに

２０１２年10月15日午後8時、新宿御苑の近く。原発訴訟を手掛ける名だたる面々が集まるというとある弁護団会議に、アポイントもなく挨拶にいきました。「これから原発メーカーを被告とした裁判を始めようと思うんで、よろしくお願いします」と。面識のない人たちでしたが、もちろん「おぉ、いいね。頑張れよ」などといって、全面的な協力を約束してもらえるものと思っていました。ところが、「それは無理だよ」、「1回の期日で終わっちゃうよ」などとあしらわれ、反論する間もなく「じゃあ、今日の議題に入りますよ」と、あっという間に追い出されてしまったのです。「もう相談しませんよ！」と（心の中で）捨て台詞を吐いて帰ったわけですが、そもそも原発の差止め訴訟だって連敗続きなのに、それを長年やり続けてきた弁護士たちがそこまでいうのか。難しい裁判だというのは分かってはいたけど、こりゃあ半端じゃないなと、さすがにちょっと腰が引ける思いがしたものです。

福島第一原発を造ったのは、1号機がＧＥ、2号機がＧＥと東芝、3号機が東芝、そして4号機は日立です。この3社を被告として２０１１年3月11日の福島原発事故を原因とする損害賠償請求をしたのが「原発メーカー訴訟」で、２０１４年1月30日と3月10日の2陣に分けて東京地裁に提訴しました。世界中から集めた原告の数は約4200名、そのうち約2700名が海外からの参加です。請求額は一人100円。弁護団は北海道から高知までの22名。

ただ、主に海外からの訴訟委任状に様々な不備があり（読み方が分からない、住所に国名しか記載がないなど）、1年余りをかけて整理をしていく中で補正が不可能な人々については断念せざるを得ず、最終的に訴訟が始まった時点での原告は4000名弱となりました。

前述のとおり2回に分けて提訴した原発メーカー訴訟は、4回の口頭弁論を経て、2016年7月13日に請求棄却および一部却下判決で敗訴、控訴審は1回の口頭弁論で2017年12月8日に控訴棄却、さらに上告および上告受理申立てをしましたが、2018年1月23日に最高裁より棄却および上告を受理しない旨の決定がなされました。

この裁判でわれわれが勝訴したら、これまで東京電力に対して損害賠償請求をしてきた何千、何万もの人々が一気に原発メーカーに対してもなだれ込む可能性があります。そのような大混乱を引き起こす判決を裁判所が書くのは並大抵のことではないでしょう。しかし、だからこそ判決の結果にかかわらず、新しい社会につながる財産を残すことがこの裁判に課された使命であり、私たち弁護団は準備の段階からそのことを肝に銘じて訴訟活動をやり通しました。したがって、単に原発メーカー訴訟の記録を残すことではなく、その財産を整理し、世に伝えることが本書の目的です。

第1章　原発メーカー訴訟

車で例えるなら、電力会社は運転手、原発メーカーはトヨタなどの自動車会社です。その車の構造や性能に最も精通していて、故障による事故を防ぐことができるのは誰でしょうか。ブレーキが故障していて事故が起こったら誰の責任でしょうか。

原発メーカーを真正面から被告とした、原発事故による損害賠償請求の裁判というのは過去に例がありません。なぜでしょう。もちろん、それには理由があります。そして、その理由の背景にはまさに原発問題の本質が隠されているのです。逆に言えば、その背景を知ることは、原発体制の根幹に迫ることになります。まずはそのあたりから始めましょう。

1　責任集中制度

原発体制を保護する仕組み

なんかおかしいな――

原発事故が起きたとき、その原因が何であろうと原発メーカーは一切責任を負わない。そう定めた原子力損害賠償法の存在を知ったときも、その程度の感想でした。生きていれば、多少理不尽に感じることはいくらでもあります。いちいち気にしていたらきりがありません。

しかし、そのちょっとした理不尽が実は社会の根幹を捻じ曲げてしまうようなとんでもない意味を持つという場合がある。よく考えたらとても見過ごすことのできないカラクリになっているんだけど、それが巧妙に隠されているのです。

注意深くたどっていきながらその周辺の事情にまで目を配らせ、さらに一歩下がって全体を見渡してみて初めてその全貌が浮かび上がってくる不気味なシステム。

東京電力だけでなく、福島第一原発の原子炉を造って提供した原発メーカーにも損害賠償請求をしたいという市民らの要求から、法制度をたどっていきました。その作業の結果、原賠法が採用し、そして世界中を覆う原子力損害賠償の原則といわれる責任集中制度、これこそがまさに世界の原発体制をかたくなに保護しようとする仕組みだということが見えてきたのです。

まずは、責任集中制度の概要を説明しましょう。以下、原子力損害賠償法を原賠法と略します。

無限責任を負わされる国民

原発事故が発生した場合には、原子力事業者（主に電力会社を指すため、以下「電力会社」と記す）が過失の有無にかかわらず、全面的に責任を負います（原賠法3条1項。無過失無限責任）。これに対応して電力会社以外のものは免責されますが、これにとどまらず製造物責任法（PL法）は適用しないと書かれています（4条1項、3項）。電力会社に重い責任を負わせて、それ以外を免責とするだけではなく、さらに念を押すかのように原子炉の製造者が責任追及される根拠となりそうなPL法を排除すると、敢えて宣言しているのです。この段階で、原発メーカーが二重三重に保護されており、やや違和感を感じます。

原発事故の責任を一身に背負うことになった電力会社については、その責任をしっかりと果たすことができるよう万全のバックアップ体制が敷かれています。まず、1事業所あたり1200億円の保険に入ることが義務付けられます（6条ほか。これを「損害賠償措置」といいます。1事業所というのは、たとえば発電施設の1号機から6号機までをもつ福島第一原発全体を指します）。さらに電力会社が損害賠償措置による1200億円のみではすべての賠償金を支払いきることができず、かつそのための資金も不足しているという場合には、国が援助をすることになっています（16条）

これにより、原発事故による被害者は、電力会社を通して完全な賠償を受けられる仕組みになっているのです。一応のところは。

ここで、電力会社「により」ではなく、電力会社「を通して」という部分が重要です。被害者に支

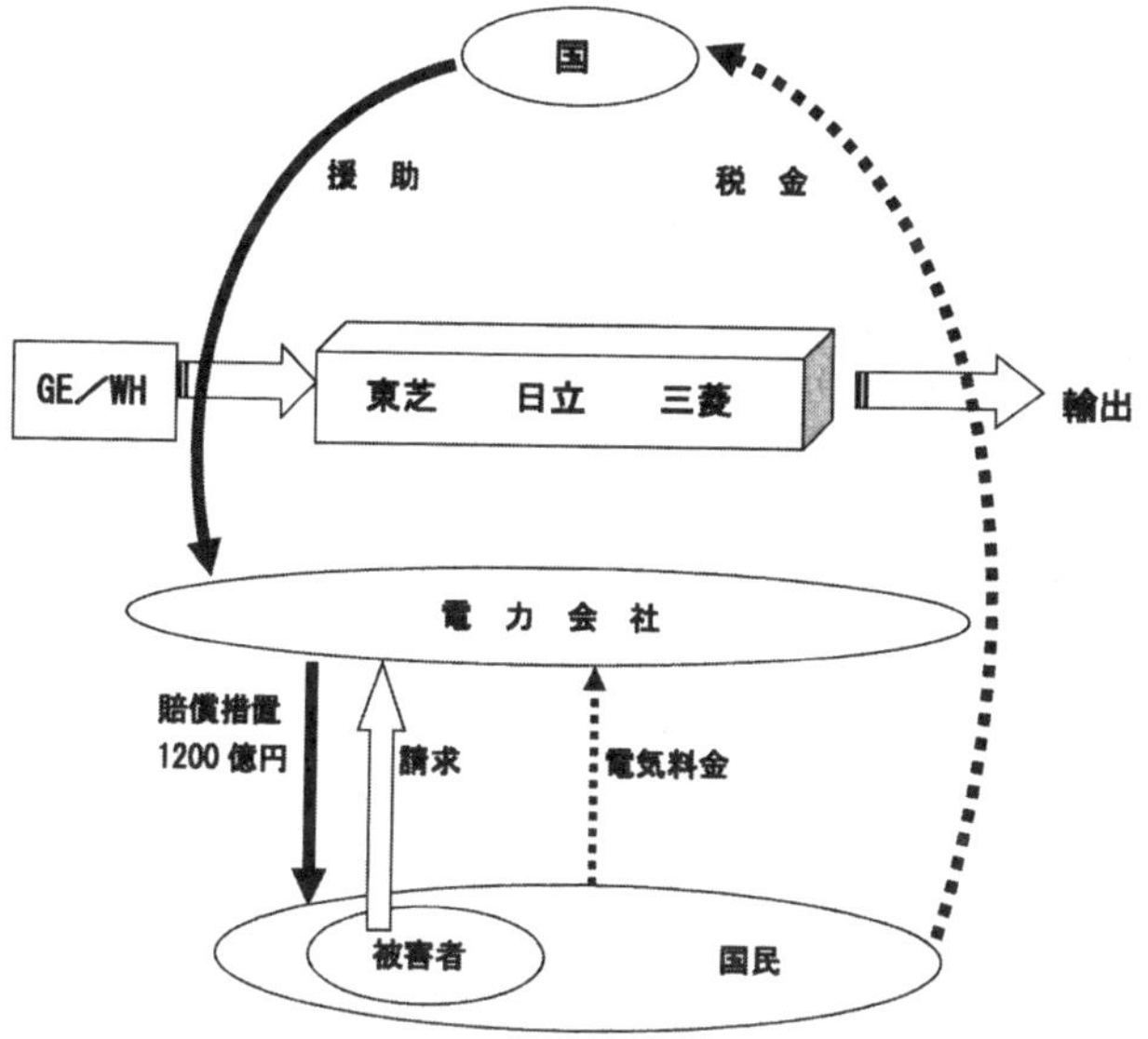

GEはゼネラル・エレクトリック、WHはウェスチングハウス・エレクトリック。ともにアメリカの原発メーカー。

払われる賠償金は電力会社の中から出てくるのではありません。その原資は、保険金と国からの援助であり、言い方を変えれば国民から支払われる電気料金と税金がぐるっと回って電力会社のもとに届けられ、それが賠償金として支払われる。つまり、電力会社は単に窓口になっているだけであり、自らの懐を痛めるわけではありません。電力会社が無限責任を負うと先に述べましたが、実は無限責任を負わされているのは私たち国民です。そして、原発メーカーはこの金銭の動きにはまったく関与しないのです。

　原賠法は、電力会社に無過失無限責任という極めて重い責任を負わせ、他方、原発メーカーに過剰な保護を与えており、一見すると不平等なほどに偏った損害賠償制度を規定しています。しかし、その実質は、単に電力会社を矢面に立たせて、賠償責任のみならず国民からの非難の声をもそこに集中させつつ、その経営はしっかりと守りながら原発体制全体をがっちりと保護する仕組みを作り上げているのです。

浮かび上がる本質

原賠法は、法の目的を「被害者の救済」と「原子力事業の健全な発達」と謳っています（1条）。電力会社も原発メーカーも守りながら、被害者への完全な賠償を実現するかのように見えるこれらの仕組みは、これらの目的を見事に実現していると評価することもできそうです。

しかし、このような賠償制度で、電力会社や原発メーカーをはじめとする関係会社は痛みを感じるでしょうか。原発事故を決して起こしてはいけないというモチベーションを維持することができるのでしょうか。社会において最も危険なものともいえる原発を製造し稼働して巨大な利益を得ようとする人々が、その安全性について責任を持たなくてもいいかのように解釈できてしまう法制度に問題はないのでしょうか。

さらに、たとえば電力の地域独占や総括原価方式による電気料金の算定方法といった制度を併せて考えてみると、単に好意的な評価では済まないことが分かります。

総括原価方式というのは、発電・送電・電力販売費、人件費など、すべての費用を「総括原価」としてコストに反映させ、その上に一定割合の利益を上乗せした金額が、電気の販売収入に等しくなるようにするという電気料金の算定方法です。これによれば、コストが高くなればなるほど、利益も大きくなる。たとえば利益を３％だとすると、コストが１００であれば利益は３、コストが２００になれば利益は６です。極端な言い方をすれば、電力会社と取引する相手方は、高い見積書を持っていく方が喜ばれるのです。地域独占であれば、電力会社には競争相手が存在しないため、無理をして電気料金を下げる必要もありません。

つまり、原発メーカーはもちろんのこと、そこにぶら下がって部品を提供したりメンテナンスを担当したりする何百もの下請・孫請会社に至るまで、電力会社との取引によって、莫大な利益を約束されているのです。宣伝広告費についても、電力会社はライバル企業がいないにもかかわらず、日本最大の広告主といわれています。電力会社にとっては、これもコストとして総括原価に算入できるものであると同時に、すべてのメディア（ということは、すべてのタレントや芸能人まで）に原発への批判を封印させる重要な役割を果たすものでもあるのです。さらに電力会社によって設立された電気事業連合会（電事連）を通すことによって、政治家や官僚へも様々な資金が流れることになります。任意団体なので、どこに報告をする必要もありません。

ここまで読んですでにお気づきの読者もおられるでしょうが、この金の流れこそが〝原子力ムラ〟と呼ばれる集合体を形作るうえで最も重要な役割を果たしているのです。

メインアクターは電力会社です。原賠法よって原発メーカーを保護しつつ、矢面に立った電力会社が完全賠償を実現する形を整えながら、他方では電力会社を中心として、国民から吸い上げた資金を思いのままに循環させる仕組みを作り上げ、原子力ムラのすべての構成員に十分な利益を確保する。ちょっとした理不尽、違和感が、実は社会の根幹を捻じ曲げてしまうようなとんでもない意味を持っていたのです。

2　提訴へ向けた準備

ユニークな原告団

東京電力のみならず福島第一原発を製造したGE、東芝、日立に対しても損害賠償請求をすることで、責任集中制度の不合理性をあぶり出し、この仕組みにくさびを打ち込むことができれば、原発体制崩壊への第一歩となるのではないか。法律で決められていることであっても、それが憲法に反するということになれば、その法律は無効です（憲法98条1項）。責任集中制度が憲法上の人権を侵害しているとすれば、それを定めた条文は無効、すなわち修正マーカーで消された状態になるのです。このように考えれば、原発メーカー訴訟は、極めて重大な社会的意義をもつものといえます。他方で、この問題を正面から問う訴訟というのは、これまでに世界でも見当たらず、それだけ関心をそらされてきた課題であると同時に、その困難性を示すものともいえるのです。

何しろ法律で責任を負わなくてもよいと明確に書かれている相手を被告として損害賠償請求をしようする裁判ですから、まともにやるだけでは成果を期待することはできません。それどころか、被告は当然、「え、自分ら、法律で免責って決まってるんですけど」と反論してくるでしょうから、それに対して原賠法の憲法適合性のみを争うとなると裁判でやるべきことも特になく、本当に1回の期日で終わってしまう恐れもあります。そこで、法律構成に工夫を凝らすなど書面の内容をいいものにするというだけではなく、裁判所に慎重かつ公平な判断を促すためのアピールも必要だと考えました。

まずはこの裁判に世界中が注目しているという態勢を作るために、海外からも原告を募ることとし、私自身も韓国や台湾のいくつもの町でイベントを開いて合流を呼びかけました。その損害としては、原子炉建屋が吹っ飛んで放射性物質がもの凄い勢いで拡散するような恐ろしい原発事故の発生や、そのニュースを見たことによる精神的なショックということにして、請求額を1人100円としました。争点はあくまでも原発メーカーの責任の有無であって、損害の大小ではないことをはっきりさせようということです。これなら損害額が大きすぎるなどと争われることはないでしょうし、世界中の人々が原告としてこの裁判に参加できることとなります。その結果、提訴時において、原告は約4200名、そのうち海外原告が約2700名というユニークな原告団を形成することができました。

法律構成

法律構成の柱となるのは、原賠法が採用する責任集中制度、具体的には原発メーカーを免責とする4条1項と同3項が憲法に反し、無効であるという主張です。裁判を受ける権利（32条）や平等原則（14条）の侵害も主張しますが、なんといっても重要なのは財産権（29条）とノー・ニュークス権の

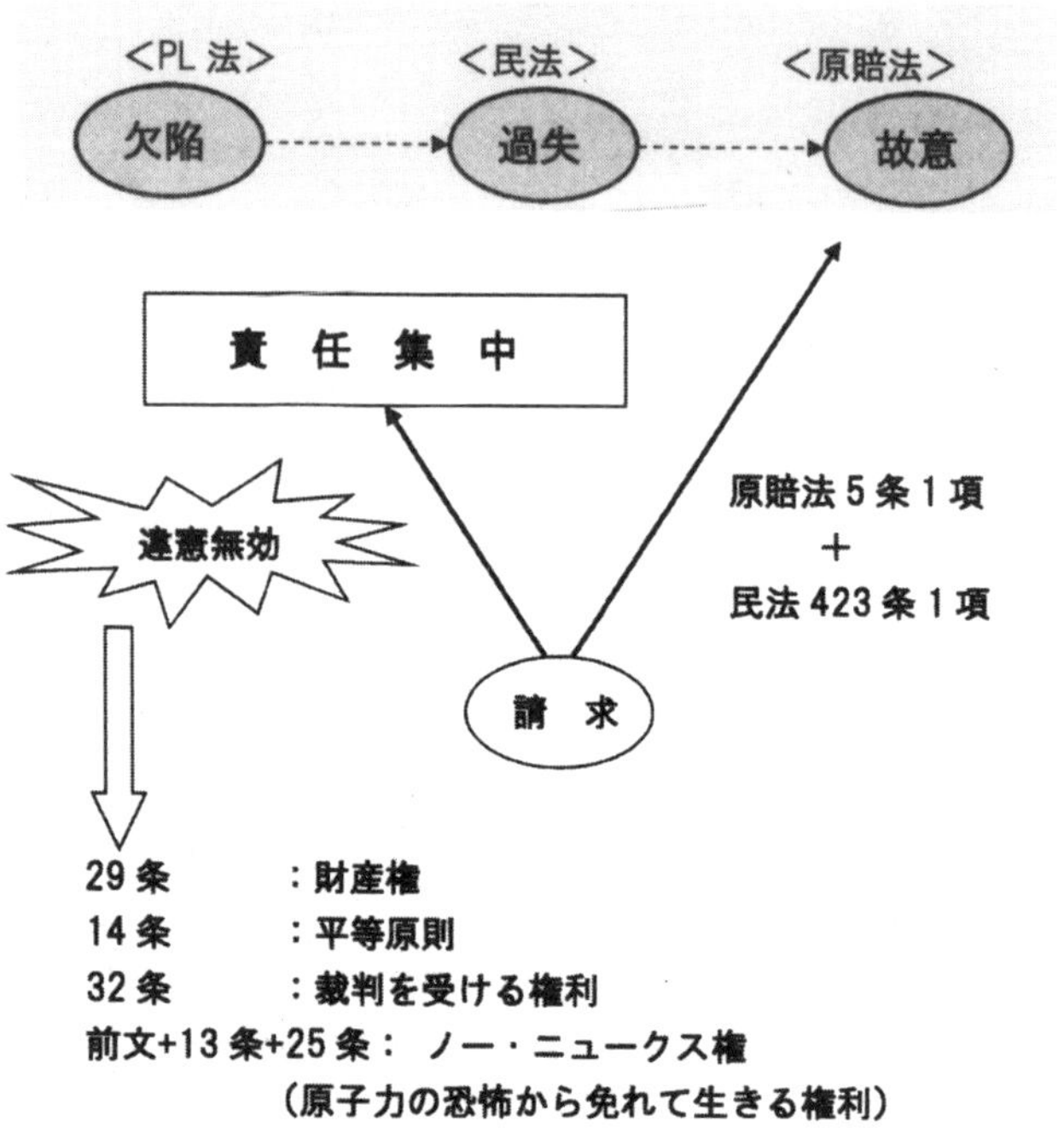

侵害です。これについては後でじっくり説明します。

もう1つ、重要な法律論があります。原賠法5条1項に基づく請求です。同条項は、原発事故が第三者の故意によって発生したという場合には、電力会社がその第三者に対して求償することができると定めています（2018年の改正で、この「第三者」は「自然人」と変えられました）。求償とは、たとえば友人の借金を代わりに返済した人が、その肩代わりした分をその友人に請求することです。つまり、電力会社はいったんは全面的に賠償責任を負いますが、その事故が他の第三者の故意によるものという場合には、その第三者に対して電力会社が責任追及をすることができるというわけです。

また、民法４２３条１項では、債権者代位権というものを規定しています。先ほどの友人の借金を代わりに返済した人にお金を貸していた人は、場合によっては、その友人に直接返済を請求することができるという条文です。つまり、原発事故の被害者は、原発メーカーの「故意」によって事故が引き起こされたという場合には、電力会社の求償権を自ら行使して、直接原発メーカーに請求することが考えられるということです。

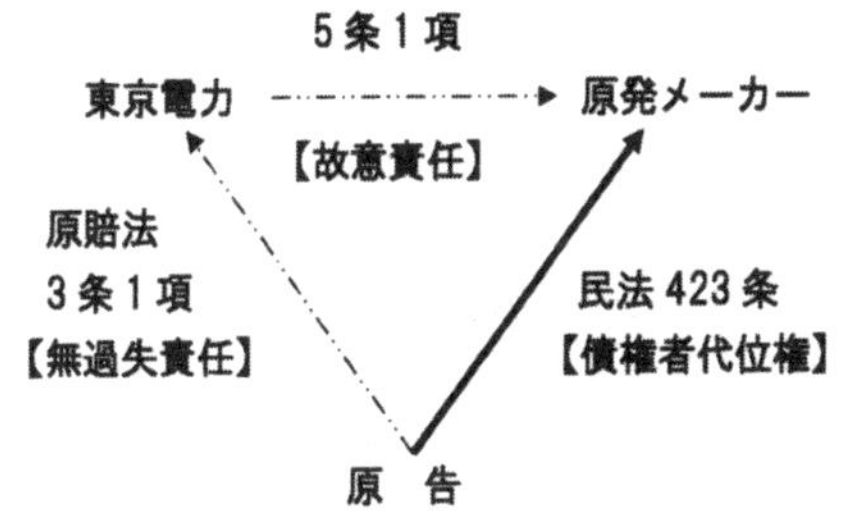

「故意」というと、喧嘩で人を殴って怪我を負わせるというように、「わざと」とか「意識的に」というように思われるかもしれません。しかし、法律上の「故意」とは、「自己の行為が他人の権利を侵害し、その他違法と評価される事実を生じるであろうということを認識しながら、あえてこれをする心理状態」といわれ、「害する意思」までは必ずしも必要ないとされています。分かりにくいかもしれませんが、要するにこのままでは他人に被害を及ぼすかもしれないという気もするけど、それも仕方ないと思っているような心の持ちようということです。原発メーカーに、事故によって被害を発生させる積極的な意思がなかったのは当然としても、原発事故が発生する可能性に気付いていながら、特に対策を講じることもなく放置していたとすればどうでしょう。もっと分かりやす

く言えば、原発について最も詳細な知識をもつ原発メーカーが、「あの原発は色々と問題があるんで、大地震や津波が来たらマズいなあ。でも国も東電も特に何も言ってこないし、事故が起こっても俺たち免責だし、ま、いっか」などと考えていたとすれば、これはもう故意と評価される可能性があるということです。

実際に福島第一原発は、1971年3月に運転を開始した1号機をはじめとして、日本で最も古い原発に分類され、特に事故を起こした1～4号機の格納容器はいずれもGEの設計による「マークI型」と呼ばれる初期のタイプです。このマークI型は、福島第一原発が建設されたのと同じ時期である1970年代に、GEの技術者であり幹部でもあったブライデン・ボー氏らから重大な欠陥があると指摘され、アメリカの議会で公聴会まで開かれるなど大きな問題となっていました。このことを原発メーカーが知らないはずはなく、マークI型が大規模事故に耐えうるようには設計されていないことを知りながら何ら対策を採らなかったのです。

原発メーカーの「故意」による原発事故というのは、もちろんハードルは高い。しかし、この点が争点になれば、当然、事故の原因そのものが審理の対象となり、東京電力やGE、東芝、日立（以下、この3社をまとめて「GEら」と表記します）から様々な資料を引き出せるかもしれない。また、アメリカからブライデン・ボー氏を呼んで、法廷で話を聞けるかもしれない。このように考えると、この論点は非常に興味深く、この裁判の存在意義を一気に引き上げてくれるはずです。そもそも、この後で詳しく述べるとおり、福島原発事故がこれほどに甚大な被害をもたらすに至ったのは、原子炉に重大な欠陥があったことが原因です。われわれ弁護団は、少なくともその製造者であるＧＥらには重大な過失があると確信しており、故意についても、かなりのところまで追い込むことができるだろうと考えていました。

ところが、驚いたことに裁判所はこの論点につき、ＧＥらの主張をそのまま受け入れ、中身の議論に入ることなくわれわれを門前払いしたのです。実は、法律論としても非常に興味深い債権者代位権に関する争点なのですが、本書では紙幅の関係で触れることができません。いつか機会があれば、じっくり説明したいと思っています。

次章では、まず福島第一原発の原子炉の重大な欠陥や原発事故の原因について詳述します。

第2章　原子炉の欠陥

福島原発事故では、制御棒の挿入によって核分裂を止めることには成功しましたが、その後

津波の発生

↓　電源喪失

↓　メルトダウン

↓　水素爆発

↓　放射性物質の大量放出

という経緯を辿って、史上最悪の事故へと至りました。

原発事故対応の鉄則である「止める→冷やす→閉じ込める」のうち「止める」には成功したものの、続く「冷やす」と「閉じ込める」に失敗したのです。

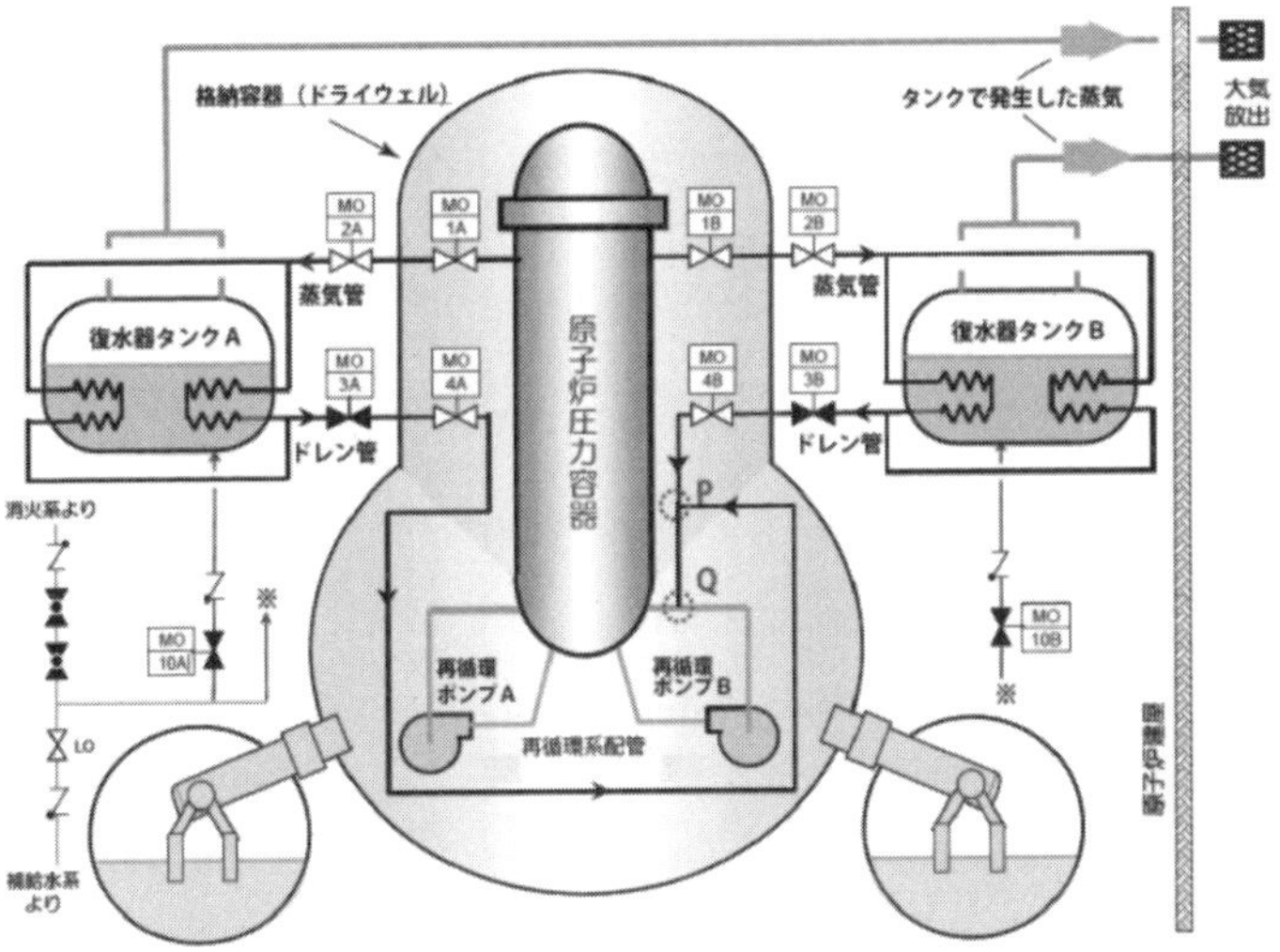

（『国会事故調報告書』より）

原発は様々な安全装置を備えており、それらが機能していれば、地震・津波が発生しても電源を喪失せず、また電源を喪失してもメルトダウンには至らなかった可能性があったし、メルトダウンから水素爆発や放射性物質の大量放出へも至らずに済んだ可能性があった。いや、当然、そうであったはずです。

国や東京電力は、津波によって非常用発電機が水没したことがすべての原因であるかのように説明しますが、それは本当ではありません。それぞれの段階で、その次の段階へは進まないような安全装置が用意されていたからです。しかし、それらがことごとく機能しなかった。そのために、負の連鎖が止まず、最悪の結果を招いたのです。

予定されていた安全装置が機能しないということは、それ自体、重大な欠陥ということができます。なぜ、あれほど安全性を要求され、最高の技術を投入されたはずの原発にそのような欠陥が数多く存在するのでしょう。

そこには共通の原因がありました。

原発事故が発生した場合、「止める」ことには成功しても、原子炉ないし格納容器の中は必然的に高温・高圧となります。原発の安全装置は、高温・高圧という状況下にあることで、それぞれの機能を失っていったのです。

安全機能の検証は、通常の状態においてはなされていたのでしょうが、事故発生時における実験を行うことはできません。約40年前の稼動開始以来、高温・高圧の中では機能しないことが初めて明らかになったのです。

たとえば、水位計は原子炉内の正確な水位を示すことができず、電気がなくても使えるはずの冷却装置は機能せず、原子炉への注水系も使用不能となった。放射性物質を1000分の1まで減らして外部へベント（排気）できるはずの圧力抑制室（サプレッションチェンバー）も、まったく機能せず、放射性物質を大量にばら撒いた。

事故にはセットでついてくるといっていい高温・高圧の状況下で機能しなければ意味がないのに、そのことを想定していなかったというのだから、あまりにお粗末で、致命的な欠陥というしかありません。

さらに、高温状態では水素が発生することは分かっていましたが、高温下では格納容器のシール材が劣化し、そこから水素が漏れて建屋に溜まるということを想定していなかった。そのために、水素爆発が発生したのです。

福島第一原発と他の原発の構造は、もちろん大きく異なる部分はあります。しかし、高温・高圧の状況下で安全装置が機能するかどうかという点について、改善されているという話は聞いたことがありません。

本書で福島第一原発の重大な欠陥や東京電力およびGEらの責任について、その詳細を論ずるスペースはありませんが、原発の安全神話がいかに脆弱なものであるかを少しでも理解しておくことは、原発の議論をするために極めて重要です。ここでは、主に『国会事故調報告書』（東京電力福島原子力発電所事故調査委員会）と『メルトダウン　連鎖の真相』（NHK「メルトダウン」取材班）における莫大な労力を費やして行われた検証を参考にしつつ、福島第一原発の原子炉に多くの欠陥があったことやそれらが事故の原因となったことについて、その一部を説明します。

1　製造物の「欠陥」

製造物責任（PL）法上の「欠陥」とは、製造物が「通常有すべき安全性を欠いている」こととされています（同法2条2項）。

日本は世界有数の地震大国であり、原発は稼働のために大量の水を必要とすることから、多くの場合、海岸沿いに設置されます。つまり、日本の原発は地震および津波という災害に見舞われる危険を宿命的に背負っているということです。実際に福島第一原発の設置場所である太平洋岸沿いでは、これまでも地震に伴って繰り返し津波が発生してきました。

これらのことからすれば、原子炉が「通常有すべき安全性」には、地震や津波によって事故が発生しないことが、最も重要な項目として含まれていなければなりません。ところが、現実に地震および津波によって原発事故が発生したのですから、この事実だけでも福島第一原発の原子炉は通常有すべき安全性を欠いていた、つまり「欠陥」があったといえます。その地震も津波も、非常に巨大なものではあったものの、想定された規模のものであったことが後に判明しているのです。

これに加え、私たちはこの裁判において、耐震バックチェックの不備、老朽化、マークI型固有の欠陥などを指摘しましたが、この中でもマークI型の問題は特に重要であるため、次にこの点をお話します。

なお、製造物の「欠陥」は、一般に、その設計や仕様と異なった製造物が製造されたことによって生じる「製造上の欠陥」、製造物の設計そのものに内在する「設計上の欠陥」および製造物が適切な指示や警告を欠くことによって生じる「指示・警告上の欠陥」という3つの類型に分類されています。

また、原発事故においては、過酷事故（シビア・アクシデント）と呼ばれる概念が存在します。これは、「設計時に考慮した範囲を超える異常な事態が発生し、想定していた手段では適切に炉心を冷却・制御できない状態になり、炉心溶融や原子炉格納容器の破損に至る事象」をいい、要するに想定外の重大事故のことといっていいでしょう。

2　福島第一原発の概要

原子炉の欠陥を論じるにあたっては、原発の基本的な仕組みおよび事故を発生させた福島第一原発1～4号機の構造について最小限の理解が必要であるため、最初にその概要を説明します。

原子炉の基本的な仕組み

原発は、核燃料（通常はウラン）の核分裂反応によって生じるエネルギーを利用して水を沸騰させ、その蒸気でタービンを回すことで発電するシステムです。そして、この核分裂を制御するのが原子炉です。

日本で使われている原子炉は「軽水炉」とよばれるタイプのもので、冷却材に普通の水（軽水）が使われています。原子炉の中で燃料のウランを核分裂させ、その時に発生する熱によって冷却材を蒸気に変え、この蒸気の力でタービンを回して発電を行います。

軽水炉には、原子炉で直接蒸気を発生させる沸騰水型原子炉（ＢＷＲ）と原子炉で作った高温高圧の水を蒸気発生器とよばれる熱交換器に導いて、ここで蒸気を発生させる加圧水型原子炉（ＰＷＲ）があります。福島第一原発の原子炉は、いずれもＢＷＲです。

核分裂を起こしやすいウラン２３５を含む天然ウランを濃縮して、焼き固めたもの（ペレット）を

沸騰水型炉（BWR）原子力発電のしくみ

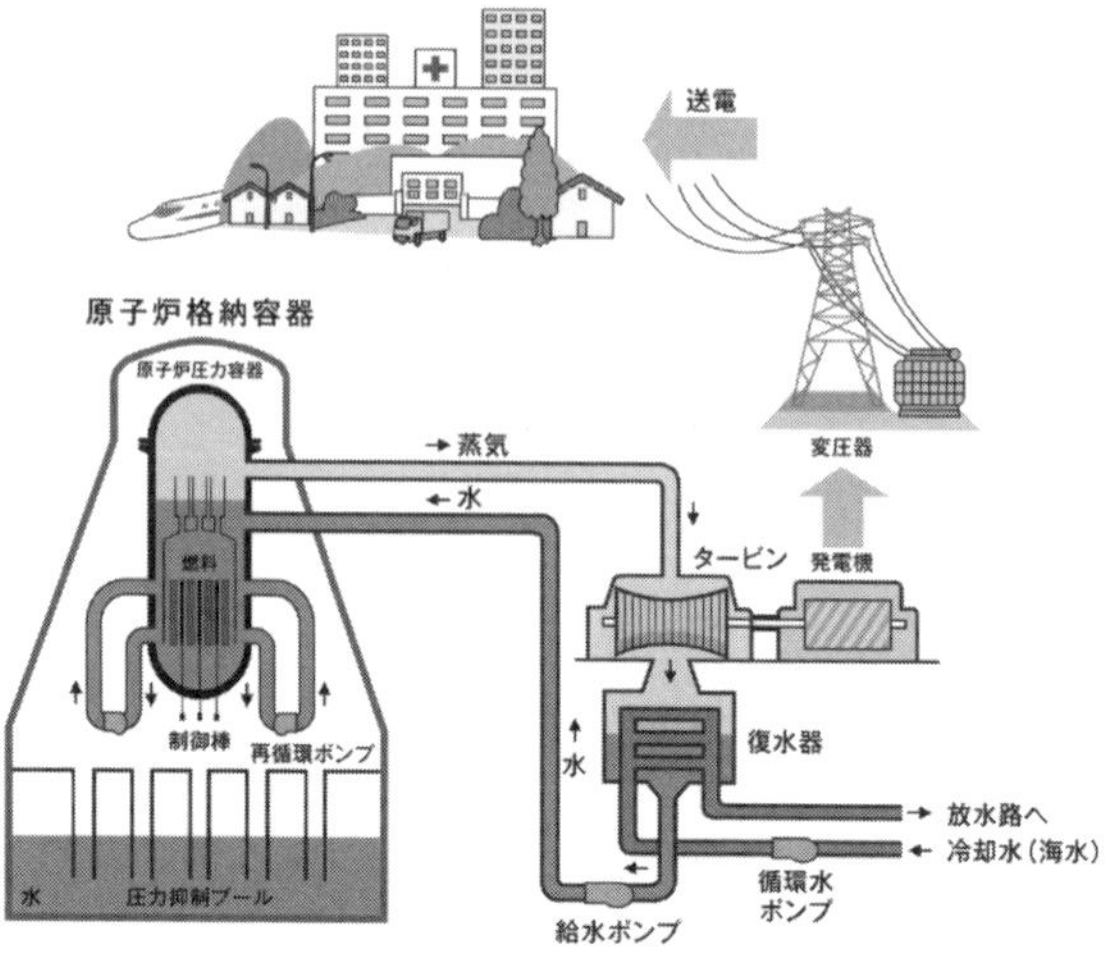

（電気事業連合会ホームページより）

棒状に並べたものを燃料棒といいます。燃料棒の表面はジルコニウムという金属で覆われています。ウラン235を中性子に当てるとウラン原子は2つの原子核に分裂し、同時に大量の熱を発します。さらにこのとき新たに2〜3個の中性子が発生し、これが別のウラン235に当たって核分裂が続く。この反応をゆっくりと継続的に持続させるための装置が原子炉です。

　原子炉を停止する際には、中性子を吸収する性質をもつ「制御棒」を挿入して核分裂の連鎖を止めます。ただし、核分裂が止まっても原子炉には多くの核分裂生成物が存在し、その多くは科学的に不安定な状態にある。これが安定するまでの間は、放射線と熱を放出しながら別の物質に変わっていきます。この熱を崩壊熱といい、熱量が極めて大きいため、原子炉に水を注入して冷やし続けなければなりません。この水を供給する設備のことを「注水系」といいます。

蒸気は「復水器」で海水によって冷やされると水に戻り、再び原子炉へ送られます。蒸気と海水は別々の管路を通っているので、直接触れたり混ざったりすることはありません。

原子炉内には、強い放射能をもつ放射性物質が存在します。そのため何らかの異常・故障が発生した場合でも、放射性物質が施設外へ漏出することを防止するための対策や、漏出防止機能が備え付けられる必要があります。具体的には、①異常発生の防止、②異常の拡大および事故への進展の防止、③周辺環境への放射性物質の異常放出防止という3つの観点から対策が図られています。

①については、原子炉施設の設計・建設・運転の各段階で講じられ、②は異常を検出して原子炉を速やかに停止する機能が働くことによって達成されます。③については、原子炉停止後も燃料棒内に残存する多量の放射性物質の崩壊により発熱を続ける燃料の破損を防止するために、炉心の冷却を続ける機能、および燃料から放出された放射性物質を施設内に閉じ込める機能によって達成されます。

福島第一原発の構造

福島第一原発には1号機から6号機までの6機の原発が設置されています。原発には、原子炉と一時冷却材ループ（炉心を通る水の系統）、使用済み燃料プールなどが収納されている「原子炉建屋」、タービン発電機や復水器、給水ポンプなどが設置されている「タービン建屋」などの設備が設置されてい

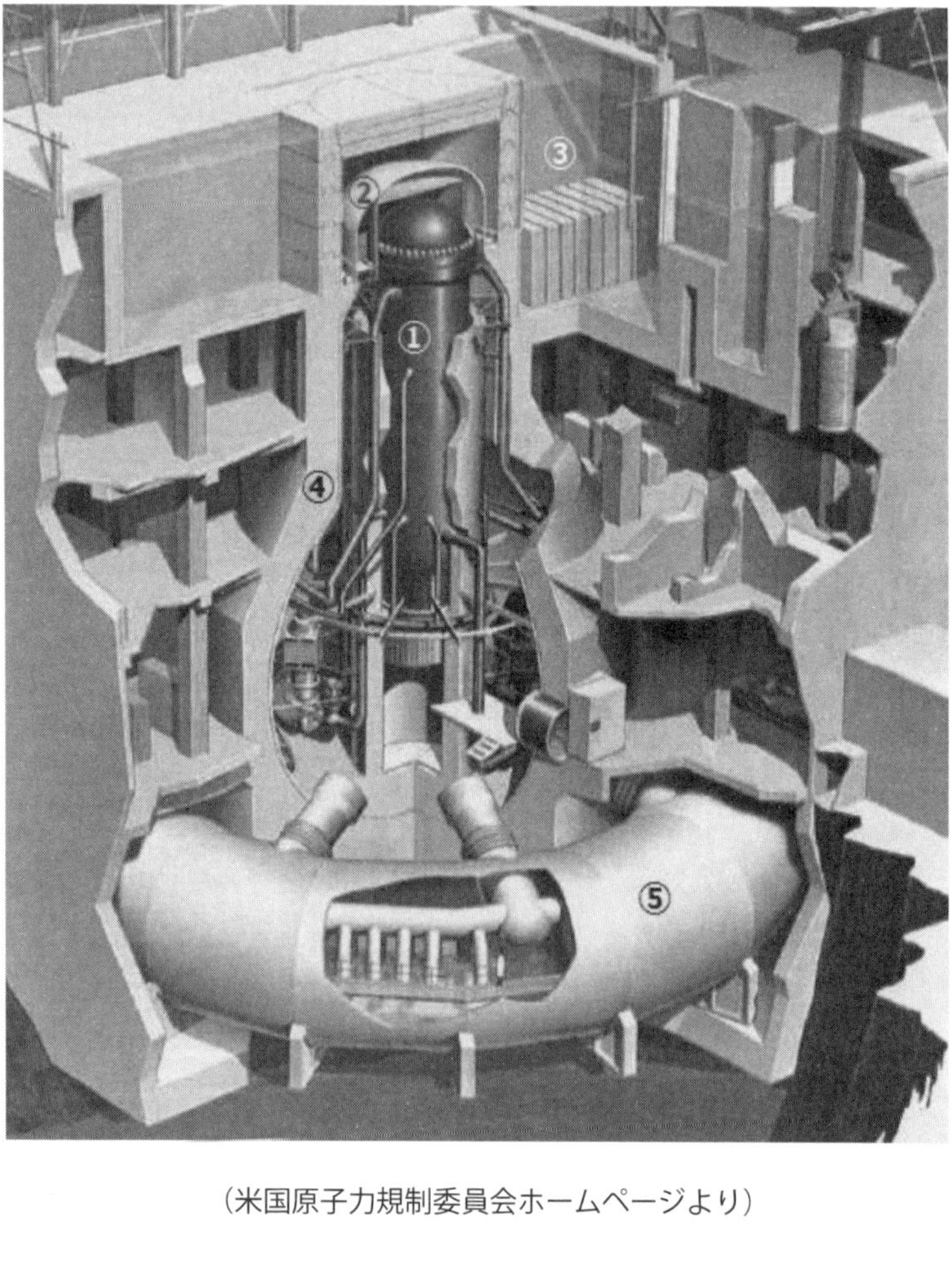

（米国原子力規制委員会ホームページより）

ます。

福島第一原発では、地震などの災害が発生した際に緊急対策室を設置するための「免震重要棟」（震度７クラスの地震が起きても初動対応に支障がないよう、緊急時対策室や通信設備、電源設備、空調設備などを備えた免震構造の建物）が設置されていました。

マークⅠ型の構成部分は以下の通りです。（前ページ参照）

①原子炉圧力容器（この中に燃料棒が入っている）

②原子炉核納容器（ドライウェル）：１～５号機はマークⅠ型、６号機はマークⅡ型とよばれる型式

③使用済み核燃料格納プール

④コンクリート構造体：この内側に厚さ約３センチメートルの鋼鉄製格納容器がある

⑤圧力抑制室（ウェットウェル）：格納容器の下にあり、ベント配管で格納容器と接続されている。環状（ドーナツ型）で、内部は半分程度が水で満たされている。ドーナツ型を意味するトーラスとよばれたり、その機能からサプレッション・チェンバーともよばれる。

3　マークⅠ型の問題

GE技術者による指摘

１９７０年代、アメリカでマークⅠ型には重大な欠陥があると指摘され、議会で公聴会が開かれる

までの問題になりましたが、結局この指摘はうやむやにされてしまいました。事故が起きる確率は隕石に当たる程度の天文学的に極めて低いもので、検討する必要はないとされたのです。

一言で言えば、マークI型は大規模事故に耐えうるようには設計されていません。格納容器がぎりぎりの容量で設計されているため、電力供給が途絶えて冷却システムが止まると、爆発を起こす危険性が非常に高いのです。

配管破断などによって冷却材が喪失する事故（ＬＯＣＡ）が発生し、炉心が露出する事態になった場合、直ちに緊急炉心冷却装置（ＥＣＣＳ）が作動しなければ燃料の損傷が始まります。その際、１０００度を超える高温の中で燃料被覆管などのジルコニウムと水による「ジルコニウム―水反応」が進行し、水素ガスが発生します（$Zr + 2H_2O \rightarrow ZrO_2 + 2H_2$）。しかし、マークI型では、水素を集めて処理するだけの空間的な余裕が格納容器にない。そのためシミュレーションの結果、水素爆発を起こす可能性が高いことが判明したのです。

１９７６年2月2日、ＧＥの原子力部門の評価・改良の責任者であったＤ・Ｇ・ブライデンボー氏ら3名は、マークI型格納容器の脆弱性についての指摘に対して真摯に対応しようとしないＧＥを同時に退社しました。そして同月18日、アメリカ議会原子力合同委員会において証言を行ったのです。その内容は、マークI型の多項目にわたる危険性について詳細に論ずるものであり、その最後には「設計上の欠陥と設計・建設・運転における不十分さが積み重なって、原発は必ず大事故を起こす。残る問題は、それがいつ、どこで起こるかということだけである」と、あたかも福島原発事故を予言するかのような言葉を残し、続けて15項目にわたる具体的な対策を要請しました。その15項目は、「すべての設計の問題が解決するまで、現在建設中の発電所の運転認可を見合わせ、原子炉が放射能で汚れてしまうことがないようにすること」というものでした。

マークⅠ型問題への対応

1989年、アメリカの原子力規制委員会（NRC）がようやくまとめたマークⅠ型の安全対策は、緊急時に格納容器の水蒸気を排気して逃がす「ベント」を取り付けるというものでした。警告された危険性に比べると小手先の対策に過ぎません。格納容器の保護と対策コストを優先し、放射性物質の外部放出による環境汚染には目をつぶったのです。

これに対し、日本ではどうだったか。1990年1月、資源エネルギー庁原子力発電安全審査課は、「MARK（マーク）—Ⅰ型格納容器問題について」というレポートを作成しています。

ここでは、まず「MARK—Ⅰ型格納容器のシビア・アクシデント時の健全性問題に関しては、1986年6月に米国原子力規制委員会（NRC）前規制局長H・デントンが『シビア・アクシデントを仮定すると、BWR MARK—Ⅰ型格納容器は他のプラント型式よりも破損確率が高い』旨の発言をして以来、NRCにおいて各種の検討が進められ、1989年7月にNRCの方針が発表された」と述べます。そして、同年1月26日、NRCのスタッフから、マークⅠ型格納容器はサイズが小さいために、炉心損傷時の負荷が大きくなる可能性があること等が説明されたうえで、格納容器ベント能力の確保、所内非常用交流電源の多重性などステーション・ブラックアウト（全交流電源喪失＝SBO）対策の実施促進、そして代替注水系の確保といった提案がされたことを報告しました。

これに続いて、日本の代表プラントとして福島第一原発を挙げ、アメリカのプラントに比べ「格納容器ベントについては、炉心損傷防止に対しては現有設備でもかなりの対応能力を有している」とし、SBO対策については「国内プラントの外部電源および非常用ディーゼル発電機の信頼性は良好であり、現状の設備でこの規則を満足するものと考えられる」などと評価し、「我が国のプラントに対して同様の対策をただちに反映させる必要はない」と結論付けたのです。

アメリカでは、マークI型の欠陥をそれなりに認識し、小手先と批判されながらもNRCによる対策が実施されたのに対し、日本ではさしたる根拠もなくアメリカのプラントよりも優れているために何らの対策も必要はないと断定したのです。何たる傲慢、そして怠慢。この程度の危機意識によって日本の原発は運営されているのです。

4　全交流電源喪失（SBO）

原発事故が発生した場合、いわゆる「止める→冷やす→閉じ込める」という手順によって、被害の拡大を防ぐことが想定されており、そのための安全装置がさまざまな事態に備えて装備されています。しかし、それらを機能させるためには電源が必要であるため、その確保は絶対的に重要です。

福島第一原発では、地震の強い揺れによって斜面の土砂が崩壊し、敷地内の鉄塔が土台をすくわれて倒壊しました。所内の変電施設も、地震の揺れによってケーブルが切れたり、変圧器にひびが入ったりして、通電ができなくなったのです。

このようにして、福島第一原発はすべての外部電源を喪失しました。しかし、原発にはこのような場合のために、非常用ディーゼル発電機が複数備えられています。このときも、非常用ディーゼル発電機が起動しました。ところが、それから約50分後には津波によって配電盤が水没し、1～4号機すべてでSBOが発生、これにより事態の深刻化は決定的なものとなりました。そこで、まずSBOに関する欠陥について論じます。

非常用電源の設置場所

SBO発生の原因の一つは、いうまでもなく非常用電源の設置場所です。地震とそれに伴う津波の発生は当然予想されたことであり、それにもかかわらずタービン建屋の地下一階など、津波が襲来すれば確実に水没してしまうことが誰の目にも明らかな場所に非常用電源を設置していたこと自体が、原子炉の「設計上の欠陥」にあたります。

原発事故が発生した場合でもその機能の維持が必要不可欠となる機器・設備に関しては、単一故障のみに着目するのではなく、複数の機器・設備の機能が同時に失われる事象に対しても、システム全体としての安全性を確保するという視点に基づいた多重性、多様性、独立性をもった設計が不可欠です。この点の脆弱性は、ブライデンボー氏らのアメリカ議会における証言の中でも、マークI型が抱える問題として指摘されていました。

原子力の世界では、重要な機器は万が一の危機に備え分散して配置すべきというのは、いわば常識です。それにもかかわらず、福島第一原発では非常用電源が集中的に配置され、しかもその場所は、海に近いタービン建屋だったのです。

同じ東京電力の原発でも柏崎刈羽原発や福島第二原発では、浸水対策として水密扉を備えた原子炉建屋に電源盤が配置されています。ところが、福島第一原発は古い原発であるが故に、そうした改良工事さえなされていなかったのです。

SBO対策の欠如

福島第一原発の運転員の1人は、原発事故後、最初に非常用ディーゼル発電機が起動した際には、「このとき、まだ、警報はいっぱい鳴っていました。しかし、スクラム（緊急停止）に成功し、電気を確保することができれば、後は、マニュアルに従って、ゆっくりと設備の状態を点検していけばいいんです。そして、原子炉を一〇〇度に冷やす。定期検査に入るときにも行う操作ですから、それほど難しいものではありません」と振り返っています。次々と襲う緊急事態にも、運転員は、粛々と対応していました。

また、1～4号機を統括するユニット所長の福良昌敏氏は、「外部の電源がなくなったにしろ、非常用の電源が確保されたということで、まあ一安心ということですかね。一安心というのは、通常の事故時に定められた手順の中で、復旧できる範囲の事象におさまってくれたという意味です」と振り返っています。しかし、それからわずか50分も経たないうちに、「通常の事故時に定められた手順の中で、復旧できる範囲の事象」を超えた事態を迎えることになります。

前述のとおりアメリカでは、さまざまな問題を抱えるマークⅠについて、１９８９年7月にＳＢＯ対策の実施に関する方針を決定し、これが実施されましたが、日本ではまともに検討さえされませんでした。つまり、福島第一原発には、ＳＢＯという起こり得る事態を全く想定せず、一切の対策を用意していないという「設計上の欠陥」があったのです。

ＳＢＯ発生から約10分後の午後３時50分、暗闇に包まれた中央制御室では、ＬＥＤライトの懐中電灯など灯りになるものをかき集めました。そして、当直長らは、その灯りを頼りに、真っ先にシビア・アクシデントへの対応が書かれているマニュアルのページを手繰《たぐ》りました。しかし、どこをめくっても、すべての電源を失った緊急事態の対応は記されていなかったのです。つまり福島第一原発には、緊急対応マニュアルにもＳＢＯに対応するための記載が一切なかった。想定されていなかったのだから当然とはいえ、このことは「指示・警告上の欠陥」にあたります。

5　メルトダウン

全交流電源喪失（ＳＢＯ）が発生しても、原子炉内の水を確保し、核燃料を冷やし続けることが

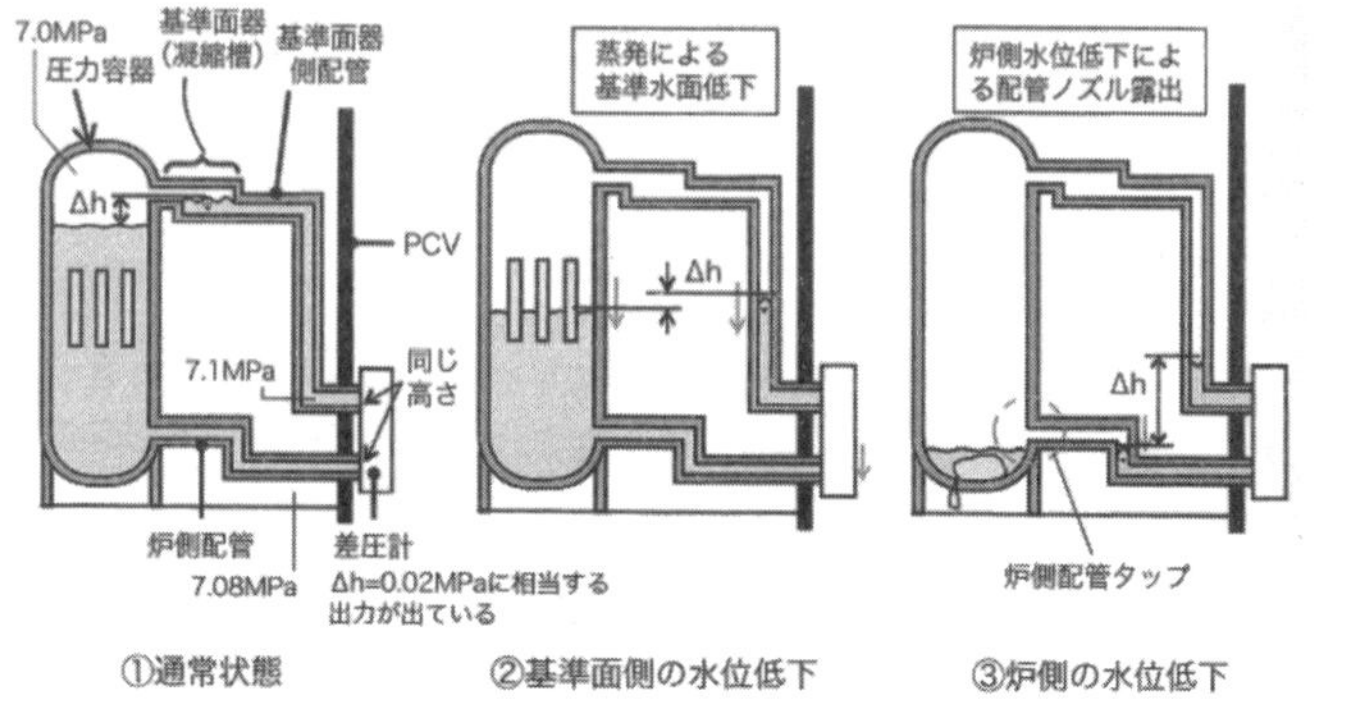

（出典：渕上正朗・笠原直人・畑村洋太郎『福島原発で何が起こったか』日刊工業新聞社刊より）

できれば、電源の復活まで時間を稼ぐことでメルトダウンを避けることができる可能性がありました。福島第一原発ではこのような注水対策さえ機能せず、1～4号機に存在するさまざまな欠陥のためにメルトダウンへと突き進んでいったのです。

水位計の欠陥

通常運転時、原発は原子炉内の水位を調整することでその出力を管理・統制しているため、原子炉内の水位は、原発を稼働させる上で最も重要な情報の一つです。

しかし、福島第一原発で使用されていた差圧式水位計には、原子炉内の温度が高くなればなるほど、正しい水位が測れなくなるという致命的な欠陥がありました。上の図にあるように「基準面器」に入れられた水が温度上昇によって蒸発することで、水位が核燃料の先端より下になるような場合であっても、核燃料より上に水位があることを示すなど、シビア・アクシデントの際に原子炉内の水位を正確に計測することができなかったのです。

水位計の誤作動により原子炉水位が分からなかったことが、重大事故の致命的な要因となった点は、スリーマイル島原発事故で経験したとおりです。炉心の圧力上昇後、圧力を逃す安全弁が開いたものの、弁が開いたままの状態で固定してしまい、蒸気が外部に抜けることで大量の冷却水が失われました。このとき、原子炉では自動的に非常用炉心冷却装置（ＥＣＣＳ）が作動したのですが、すでに原子炉内の圧力は低下しており、冷却水の沸騰によって大量の蒸気が加圧器水位計にも流入しました。これにより水位計は故障し、正しい水位を示すことができなくなったのです。実際には冷却水が喪失していたにもかかわらず、水位計ではほぼ満水であるとの表示であったため、これを信じた作業員は、冷却水が過剰となっていると判断してＥＣＣＳを手動で停止してしまいました。この作業員の行為が、極めて重要なターニングポイントとなったのです。

そして今もなお、他の原発においても水位計の十分な改良はできていません。何らかのトラブルが発生すれば、原子炉内の温度が高くなることは、当然に想定されます。そのような場合に正しい水位が測れなくなるということは、原子炉の危険性が増して、適切な判断のためにより正確な情報が必要となる場面においてこれが得られないという、重大な「設計上の欠陥」といえるでしょう。

代替注水系の欠如

原発では、原子炉内に加熱源（燃料棒）が存在するため、原子炉の中に注水し、常に冷却し続ける

表5－4　主な非常用冷却設備の仕様

福島第一原子力発電所		1号機	2号機	3号機
原子炉停止時冷却系 (SHC)	ポンプ			
	台数	2		
	流量 (m^3/h/台)	465.5		
	揚程 (m)	45.7		
	熱交換器			
	基数	2		
	熱交換能力 (kcal/h)	3.80E+06		
残留熱除去系 (RHR)	ポンプ			
	台数		4	4
	流量 (t/h)		1,750	1,820
	全揚程 (m)		128	128
	海水ポンプ			
	台数		4	4
	流量 (m^3/h)		978	978
	全揚程 (m)		232	232
	熱交換器			
	基数		2	2
	伝熱容量 (kcal/h)		7.76E+06	7.76E+06
非常用復水器 (IC)	系統数	2		
	タンク有効保有水量 (m^3/タンク)	106		
	蒸気流量 (t/hr/タンク	100.6		
原子炉隔離時冷却系 (RCIC)	蒸気タービン			
	台数		1	1
	圧力容器圧力 (MPa)		7.7-1.0	7.7-1.0
	出力 (HP)		500-80	500-80
	回転数 (rpm)		5,000-2,000	4,500-2,000
	ポンプ			
	台数		1	1
	流量 (t/h)		95	97
	全揚程 (m)		850-160	850-160
	回転数 (rpm)		可変	可変
高圧注水系 (HPCI)	系統数	1	1	1
	流量 (T/hr)	682	965	965
	ポンプ数 (/系統)	1	1	1
低圧注水系 (LPCI)	系統数		2	2
	流量 (T/hr)		1,750	1,820
	ポンプ数 (/系統)		2	2
炉心スプレイ系 (CS)	系統数	2	2	2
	流量 (T/hr/系統)	550	1,020	1,141
	ポンプ数 (/系統)	2	1	1
	ポンプ吐出圧力 (MPa)	2	3.45	3.45
格納容器冷却系 (CCS)	系統数	2	2	2
	設計流量 (T/hr/系統)	705	2,960	2,960
	ポンプ数 (/系統)	2	2	2
	熱交換器数 (/系統)	1	1	1

（出典：渕上正朗・笠原直人・畑村洋太郎『福島原発で何が起こったか』日刊工業新聞社刊より）

ことが必要です。平時、運転中には主復水器などの主冷却系が、停止時には原子炉停止時冷却系（ＳＨＣ）や残留熱除去系（ＲＨＲ）といった冷却装置が作動するようになっています。また、何らかの事故が生じ、原子炉内が高温・高圧になった場合のために、前ページの表のとおり、原子炉隔離時冷却系装置（ＩＣ・ＲＣＩＣ）や高圧注水系（ＨＰＣＩ）、低圧注水系（ＬＰＣＩ・ＬＰＣＳ）といった非常用の冷却装置が設置されています。

このような代替注水系については、先述した１９８９年7月の米国原子力規制委員会（ＮＲＣ）による提案で、原子炉あるいはドライウェル・スプレイ系のいずれへも注水できる代替注水系があること、これには常用および非常用交流電源から独立したポンプ機能があることが要求事項として明言されていました。

これに対し、日本ではそのような設備はないとしながらも、現存の注水系は「ＡＣ（交流）電源に依存してはいるが、ドライウェル・スプレイ／原子炉へ注水が可能な代替手段には残留熱除去海水系や補給水系があり、原子炉へ注水が可能な代替手段には制御棒駆動水圧系やほう酸水注水系がある。これらの系統の対応操作は徴候ベース事故時運転マニュアルに反映されている」として、何ら対策を検討しませんでした。しかし、これらの冷却装置は、電力が失われると作動しないことや、作動しても電源復旧までの作業時間に比して作動時間が短いなどの問題点があるうえ、そもそも原子炉内が高圧状態になると、外部からの注水が極めて困難になり、原子炉を冷却することができないという問題があったのです。

原子炉に届かなかった注水

福島原発事故では、電源が復旧できないことなどによって、1～3号機の冷却装置が次々に機能を失う中、消防車による注水のみが原子炉を冷却する唯一の手段となりました。

これは、原子炉内に張り巡らされた配管のうち、いくつかの弁を開け閉めすることによって、外部から原子炉内に注水するラインを一時的に確保し、注水を行おうというものです。代替注水系が不完全であり、他に原子炉を冷却する方法がない中でのシビア・アクシデント対策のマニュアルにも載っていない思いつきの策でした。このようなオペレーションが効を奏するわけもなく、実際に1号機から3号機に対して、毎時数10トンの注水が行われたものの、いずれの原子炉においてもメルトダウンを食い止めることはできませんでした。

たとえば、3号機については、消防車による注水が開始された3月13日午前9時から20時間以上にわたり注水が行われ、400トン以上の水が注水されました。これだけの量の注水があれば原子炉は満水となるため、冷却することはできたはずです。しかし、実際には注水された水の多くは、原子炉へ届くことはありませんでした。

原発事故から2週間後、本来3000トンもの空容量がある復水器が満水となっていることが判明しました。注水された大量の水の大半がラインを外れて復水器へ流れ込んでいたのです。

多重性、多様性、独立性をもつ代替注水系の重要性が繰り返し指摘されていたにもかかわらず、福島第一原発にはこれを備えていなかったという重大な「設計上の欠陥」がありました。これによってメルトダウンを食い止めることができず、深刻な結果を発生させたのです。

冷却装置の欠陥

福島原発事故に際し、運転中だった1～3号機では制御棒の挿入に成功し、いわゆる「原子炉緊急停止（スクラム）」が確認されました。原発事故に際して必要な、いわゆる「止める↓冷やす↓閉じ込める」のうち、「止める」ことはできたのです。次に必要なことは、核燃料の破損を防止するために、炉心の冷却を続けることでした。核分裂は止まっても核燃料は一定の熱を出し続け、その崩壊熱により炉内の温度はおよそ３００度の高温状態となります。その熱量は、核分裂反応が起きているときの7パーセント程度ですが、小型火力発電所並みの出力があります。そこで、水の沸騰を収め、炉内を圧迫する余計な圧力の発生を防ぐために、崩壊熱を取り除いて圧力容器の温度を１００度以下にもっていく必要があります。

核燃料から出続ける崩壊熱は、周囲の水が循環することで取り除かれますが、その循環が止まったり、さらに原子炉の水位が下がったりすると、冷却できなくなり温度が上昇する。そうした状態が続くと、原子炉の水が沸騰し、やがて核燃料の上部が水面から出てしまって急激に温度が上がり、やがて溶け落ちてしまうのです。これを「炉心溶融」といい、さらに核燃料が融けて落下する状態が「メルトダウン」です。炉心溶融を防ぐためには、原子炉内で循環させるための水を送り込むことが必要です。この極めて重要な「冷やす」機能として、原子炉にはさまざまな非常用の冷却装置が用意されているのです。

1号機には、非常用復水器（IC＝Isolation Condenser）という非常用冷却装置が備え付けられていました。ICは、モーターや電動のポンプを必要とせず、圧力容器の停止後に発生する高温の蒸気を利用するという設計となっていて、そのことが高く評価されていました。ところが福島原発事故において、電気がないと作動しているかどうかが分からないという冗談のような「設計上の欠陥」が判明しました。そのため、結局SBOの状況下においては役に立たないというだけでなく、緊迫した場面で、実際に事態を深刻化させるという結果になってしまったのです。

2号機では、原子炉圧力容器内に消防車で注水しようとしましたが、失敗しました。その原因の1つとして、主蒸気逃がし弁（SR弁）の欠陥があり、そのために原子炉圧力容器内の圧力が下げられなかったということがあります。そこで、まず圧力抑制室（「サプレッション・チェンバー（S／C）」または「ウェットウェル」ともいう）およびSR弁の問題について検討する前に、それぞれの構造・機能について説明します。

極めて重要な圧力抑制機能

圧力抑制室（S／C）は、格納容器の下部に設置されたドーナツ状の設備で、マークI型の場合、その内部には約1800トンから3000トン程度の水が張られています。

S／Cの重要な機能の1つは、原子炉圧力容器内の圧力を下げることです。原子炉の冷却に失敗

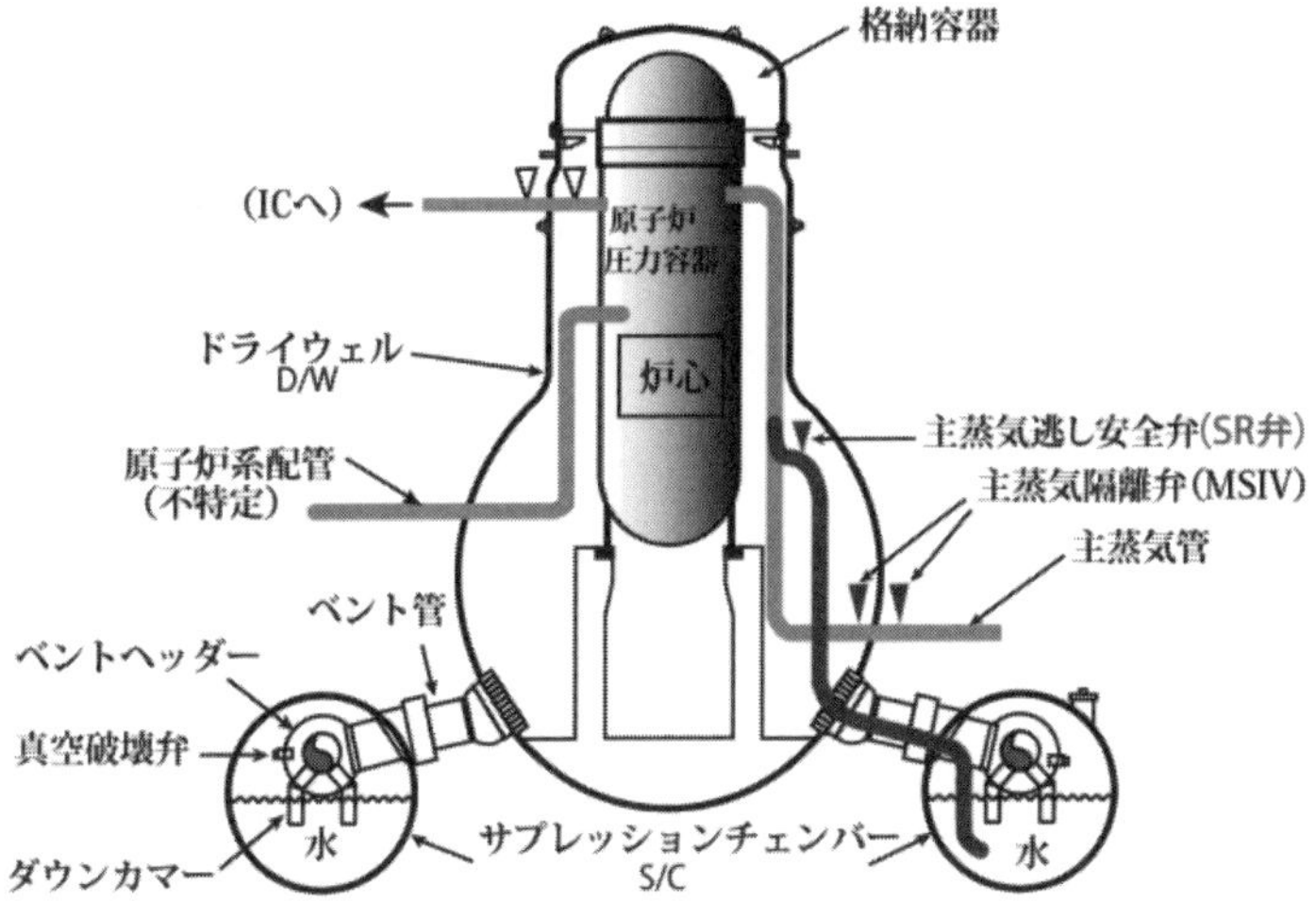

Ｓ／ＣとＳＲ弁（『国会事故調報告書』より）

して温度が上昇し、大量の水蒸気が発生して原子炉内の圧力が高まった場合に、ＳＲ弁を介して原子炉圧力容器内の高温・高圧の水蒸気を大量に含む気体をＳ／Ｃへつながる配管へ流します。この配管はＳ／Ｃに張られた水の中まで続いており、水蒸気を含む気体は配管の周囲にあるたくさんの小さな穴から水中に放出されます。Ｓ／Ｃに送り込まれた水蒸気は一気に冷やされ、水に変わって凝縮します。これよって、原子炉圧力容器の圧力を下げると同時に、格納容器の圧力上昇を抑制することができるのです。

　格納容器内で、原子炉に接続されている配管が破断する、いわゆる冷却材喪失事故（ＬＯＣＡ）が発生した場合も、破断口から流出した大量の水蒸気は、格納容器ドライウェルからベント管を通じて圧力抑制プール水面から約1・2メートル下にあるダウンカマー先端より水中に放出されて凝縮します。

つまり、原子炉の圧力を下げるためSR弁から直接蒸気を逃がす場合と、LOCAなどにより格納容器内に水蒸気が噴出した場合のいずれにおいても、圧力抑制プールで水蒸気を凝縮し、格納容器の圧力が上昇しないように設計されているのです。この圧力抑制機能が何らかの理由で働かなくなると、格納容器の圧力が急上昇し、過圧による破壊の危険に直面することになります。

機能しなかったSR弁

SR弁は、原子炉圧力容器からタービンに向かう主蒸気配管に設置されている弁であり、これを操作することによって、圧力容器内の気体をS／Cに送り込みます。SR弁は人為的に操作することもできますが（逃がし弁機能）、原子炉圧力が通常よりも上昇したときに自動的に開き、一定の圧力まで下がると自動的に閉まる自律的機能もあります（安全弁機能）。

2号機は、全交流電源喪失（SBO）後も原子炉隔離時冷却系装置（RCIC）が停止することなく運転を継続していたため、2011年3月13日までは原子炉の冷却に成功し、炉心損傷を免れていました。この装置は起動時には電源を必要としますが、一度起動すると原子炉で発生した蒸気でタービンを回し、それを動力源としてポンプを動かし、冷却水を原子炉に送り込むことができるシステムです。ただ、全く電源のない状態でどこまで安定して稼働するかは未知数でした。福島原発事故の場合、たまたまSBO前にRCICが起動していたため、2号機の炉心損傷を遅らせることができたのです。

しかし、このＲＣＩＣが翌3月14日午後1時25分ころ遂に機能を停止しました。これにより、原子炉内の冷却ができなくなって、水位が徐々に低下し、原子炉内の圧力が高まっていったのです。そこで、原子炉の冷却を継続するために、消防車による原子炉への注水が計画されました。ところが消防車のポンプ圧は約9気圧しかないため、原子炉に注水するためには、約70気圧の原子炉内の圧力を大幅に下げる必要があります。そのためＳＲ弁を開放することで、原子炉内の圧力を下げることにしました。

同日午後3時30分頃には、消防車から原子炉へ注水するラインを確保、あとはＳR弁を開放して原子炉の減圧をすれば、原子炉を冷却するための準備が整います。ＳR弁を人為的に開放するためには電源が必要であるため、バッテリーをつなぐなどし、午後4時30分頃に操作をしました。しかし、ＳR弁は開きませんでした。

2号機にはＳR弁が8個あることから、それぞれの開放に必要な回路にバッテリーをつなぎ変えるなどし、午後6

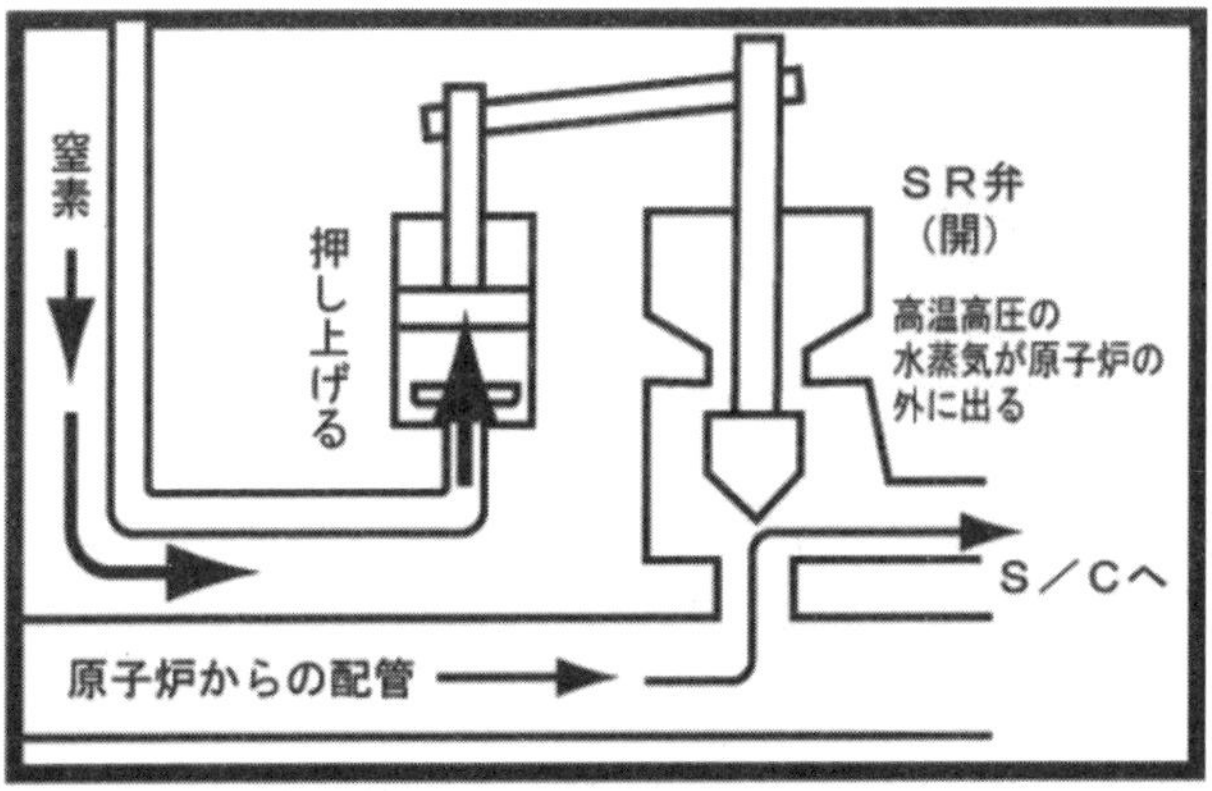

ＳＲ弁の構造

時頃になってようやく1つのSR弁を開放することに成功しました。しかし、これらの操作に手間取っているうちに、水を注入するために控えていた消防車が燃料切れとなってしまったのです。結局2号機の原子炉への注水が実現したのは、午後8時過ぎでした。さらに、その後もSR弁の操作を自由に行うことはできず、結局、圧力を思ったように下げることはできなかったのです。

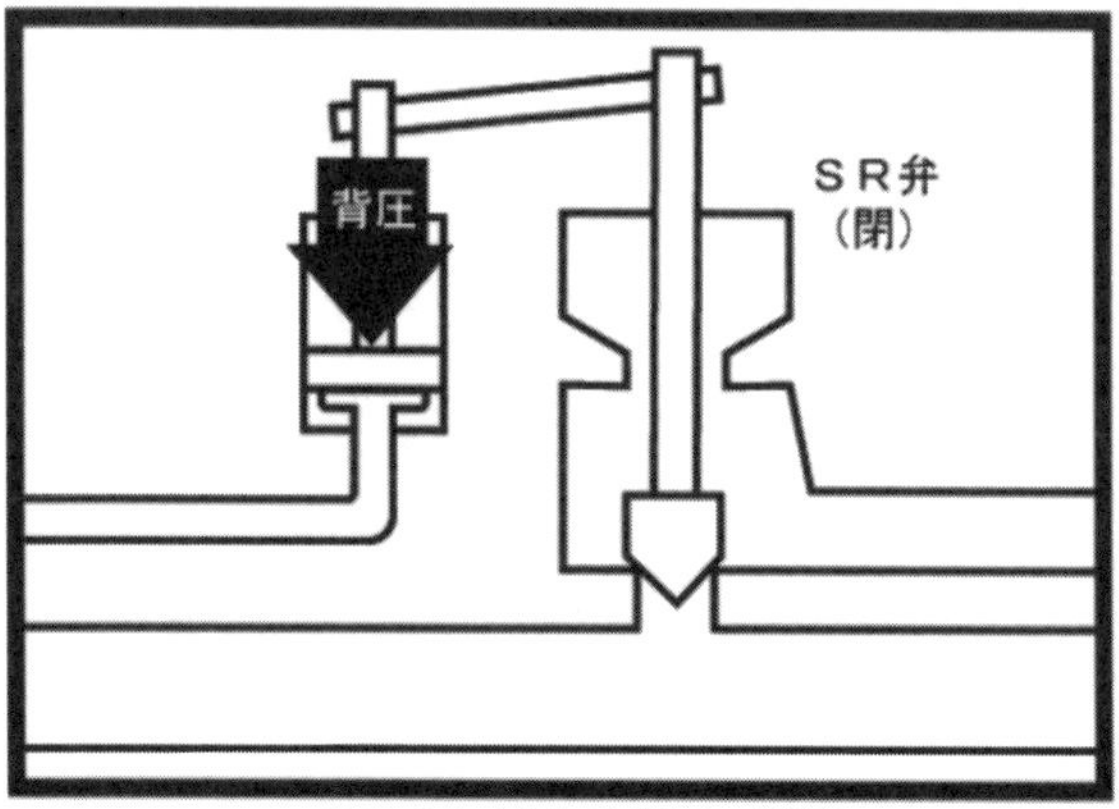

SR弁に対する背圧の影響

SR弁の欠陥

SR弁が機能しなかった原因については、従来から指摘されている背圧の問題がありました。SR弁は、窒素を送り込むことによって弁の開閉が行われるシステムになっています（前ページの図）。しかし、格納容器内の圧力が高まるとSR弁を上から押さえつける力（背圧）が働きます。この背圧が大きくなると、通常送り込まれる窒素の圧力では、SR弁の開放ができなくなるのです。

専門家によれば、2号機のSR弁は、アキュムレーター（窒素のタンク）の内圧が格納容器の圧力に対して4気圧以上、上回っていなければ開かなくなる設計になっているとのことです。２号機の格納容器の圧力は、２０１１年３月15日午前０時前から、6から7気圧の高圧状態を7時間以上にわたり継続しており、そのためにＳＲ弁が機能不全に陥っていたのです。原発事故の際には格納容器内が高圧になることは、当然に想定されていなければなりません。それにもかかわらず、高圧時に機能不全に陥るような構造となっていたということです。

実際2号機では、ＳＲ弁の開放に時間がかかったため、注水開始は3月14日の午後8時過ぎとなりました。当初の指示の時点でＳＲ弁が開いていれば、午後4時30分頃には注水ができたはずです。2号機の炉心露出が始まったのは同日午後5時頃であり、炉心損傷が始まったのは同日午後7時20分頃とされています。

すなわち、ＳＲ弁が高温・高圧の状態でも機能する設計となっていれば、炉心露出が始まる前の時点で消防注水を開始することができ、炉心損傷を防げることができたのです。しかし、ＳＲ弁の欠陥により、炉心損傷が始まった後に消防注水が始まるという事態を招いてしまった。福島第一原発のＳＲ弁には、格納容器が高圧になると機能しないという重大な「設計上の欠陥」があり、２号機ではこれによってメルトダウンを招くなど事態を深刻化させたのです。

6　水素爆発

福島原発事故では1号機、3号機、4号機で水素爆発が発生し、放射性物質を大量に放出させて史上最悪の事態を決定づけました。その量は、ヨウ素換算でチェルノブイリ原発事故の約6分の1に相当するおよそ900ペタ(千兆倍)・ベクレルといわれ、これによって福島県内の1800平方キロメートルもの土地が、年間5ミリ・シーベルト以上の空間線量を発する可能性のある場所となったのです。水素爆発の発生を招いた福島第一原発の欠陥について説明します。

想定外だった原子炉建屋の爆発

格納容器の設計上の基本思想は、原発事故が発生しても最終的に放射性物質を閉じ込め、外部に放出しないための最後の砦となることにあります。そのため、その強度は最も重要な要素として研究が重ねられていました。

事故発生時にジルコニウム―水反応で発生する水素による爆発を防ぐため、格納容器には窒素が充満されていました。水素と反応して爆発を引き起こす酸素が存在しないようになっているのです。そして、格納容器からの窒素の漏洩率をチェックすることは、原子炉運転の際の条件となっているため、その設計も一定の基準をクリアするものとなっていました。

			MARK-I型 PCV	MARK-I改型 PCV	MARK-II型 PCV	MARK-II改型 PCV	ABWR型 RCCV
設計の特徴			・圧力抑制型 ・鋼製 ・ドライウェル：上下部本球 胴部円筒形 ・サプレッション：円筒形 チェンバ	同 左	・圧力抑制型 ・鋼製 ・ドライウェル：円錐形 ・サプレッション：円筒形 チェンバ ・垂直ベント管	同 左	・圧力抑制型 ・鉄筋コンクリート製 ・円筒形 ・水平ベント管
設備容量	出 力		460 Mwe	1100 Mwe	1100 Mwe	1100 Mwe	1300 Mwe
	円筒部直径		約 11 m	約 24 m	約 26 m	約 29 m	約 29 m
	全 高		約 34 m	約 38 m	約 48 m	約 48 m	約 36 m
	容積	ドライウェル空間	約 4,240 m^3	約 8,800 m^3	約 5,700 m^3	約 8,700 m^3	約 7,400 m^3
		サプレッションチェンバ空間	約 3,160 m^3	約 5,300 m^3	約 4,100 m^3	約 5,700 m^3	約 6,000 m^3
		プール水量	約 2,980 m^3	約 3,800 m^3	約 3,400 m^3	約 4,000 m^3	約 3,600 m^3
	最高使用圧力	ドライウェル	4.35 kg/cm^2・g	4.35 kg/cm^2・g	3.16 kg/cm^2・g	3.16 kg/cm^2・g	3.16 kg/cm^2・g
		サプレッションチェンバ	4.35 kg/cm^2・g	4.35 kg/cm^2・g	3.16 kg/cm^2・g	3.16 kg/cm^2・g	3.16 kg/cm^2・g

『原子力安全協会 (編)『軽水炉発電のあらまし』（改訂第三版）平成 20 年 3 月より。

これに対し、格納容器から水素がリーク（漏れ出る）することは一切想定されていませんでした。そのため、格納容器からリークした水素が原子炉建屋内に溜まって水素爆発を起こすなどということはまったく想定されておらず、したがって対策もなされていなかったのです。

1号機では２０１１年3月12日に、3号機では同14日に、4号機でも同月15日に、原子炉建屋での水素爆発が起きました。水素のリーク、建屋内での水素爆発の可能性を認識していなかったことは原子力安全・保安院も認めており、同年4月8日の記者会見でも、「国の安全審査でも、漏れてしまったらどうするかという設計上の手当てはされていない」と述べています。福島第一原発の所長であった吉田昌郎氏も、原子炉建屋への水素のリークを全く認識していなかったと語っています。

しかし、原子炉建屋内への水素のリークを誰も問題にしていなかったかというと、そうではありません。１９９０年にはアメリカ・原子力規制委員会の報告書である「ＮＵＲＥＧ—１１５０」の中で、建屋への水素リークの可能性に関する報告がなされ、２０００年にはフィンランドのオルキルオト1・2号機に関し、原子炉建屋での水素爆発についての詳細な研究が行われていたのです。

小さすぎた格納容器

マークI型の格納容器が小さすぎるという点については、従来より、国内外を問わず指摘がされてきました。福島第一原発の格納容器は、1号機から5号機がマークI型、6号機がマークII型となっています。各格納容器の容量は前ページの表のとおりです。

単純な比較でも、マークI型の格納容器の容量(ドライウェル空間およびサプレッションチェンバー空間の合計）は７４００立方メートルしかなく、その容量の小ささは際立っています。このようにコンパクトなマークI型格納容器が多くの原発で採用されてきた理由は、原子炉の商業化を推進し、安全性よりも費用および設置場所の小ささを優先した結果です。

日立の関連会社の元技術者である田中三彦氏は、格納容器が小さすぎることにつき、「マークIが欠陥を抱えているとの米国での指摘は当時から知られていました。格納容器全体の容積が小さいため、炉心部を冷却できなくなって、圧力容器内の蒸気が格納容器に抜けるとすぐにパンパンになってしまう。最悪の場合は格納容器が破裂してしまう心配がありました」と述べています。

格納容器は、そもそも気密性が高くつくられ、燃料の損傷などによって放射性物質が放出された場合に周辺への拡散を抑える役割を担っていますが、容量が小さすぎると結局、爆発するかリークするかということになります。幸か不幸か、福島第一原発では格納容器の様々な場所で使われた有機シール材にシビア・アクシデントに耐えうる耐圧・耐熱性能がないという欠陥があったため、後者の結果を招いたということです。

福島第一原発の原子炉には、格納容器が小さすぎるという「設計上の欠陥」があり、これによって1号機および3号機では、格納容器からリークした水素が原子炉建屋に溜まって水素爆発を起こしたのです。

4号機の水素爆発

福島原発事故では、1号機と3号機でこれまで述べたような水素の発生、リーク、滞留が起こり、水素爆発に至りました。

これに対して4号機は、定期検査のため停止していたため、すべての燃料が燃料プールに移動されていました。燃料の数量は各号機の中で最も多い1535体に上ります。4号機も津波によって電源を失い冷却が止まったため、熱を帯びた使用済み核燃料が燃料プールの温度を押し上げ、通常は30度ほどであるのが、3月14日午前4時8分には84度に達していました。

原子炉建屋内の放射線量は極めて高い数値を示していたため、燃料プールの状況を確認することは不可能でした。3月15日午前6時14分、原子炉には核燃料が残っておらず、格納容器内での水素の発生やメルトダウンなどについても心配する必要はなかったにもかかわらず、まったく予期せぬことにこの４号機でも水素爆発が発生したのです。

４号機の燃料プールの温度は上昇しましたが、実はこの燃料プールは、水位が下がると格納容器上部にある原子炉ウェルから水が流れ込む構造になっていました。このとき原子炉ウェルには燃料プールとほぼ同量の水が満たされていました。燃料プールは電源を失い水温が上昇して水位が下がっても、原子炉ウェルからの水で水位が一定に保たれたため、１５３５体の使用済み燃料が「空焚き」になることは、かろうじて免れていたのです。

コントロール下にあった４号機で水素爆発が発生したのはなぜか ―

その後、東京電力の調査により４号機の水素爆発の原因は、以下のようなものであることが判明しました。

まず３号機では、大量に発生した水素が格納容器内にリークしていました。３号機の格納容器のベント配管は、排気筒に向かう配管の部分で４号機の非常用ガス処理系排気管に接続していたのです。

４号機の非常用ガス処理系排気管には電動の弁が

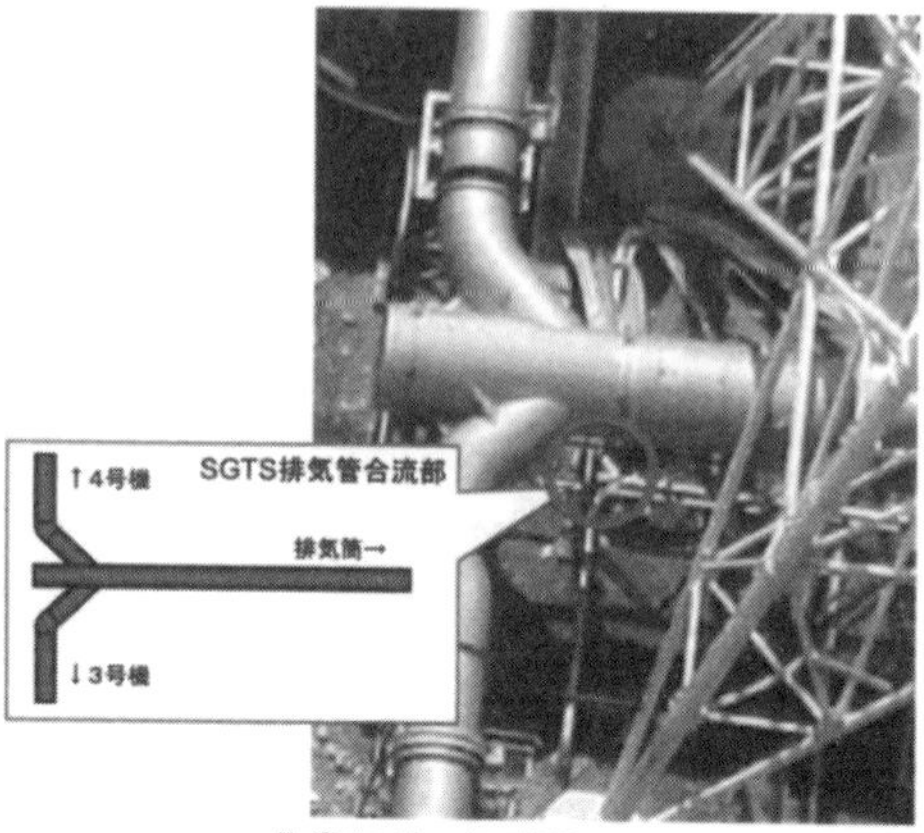

非常用ガス処理系（ＳＧＴＳ）配管

（東京電力『福島原子力事故調査報告書』より

設置され、通常は外部からの気体の逆流を防ぐようになっています。しかしこの弁は、電源が失われた場合には、自動的にすべて開く仕組みになっていました。開いた弁を通して、気体が4号機に逆流してしまうのです。

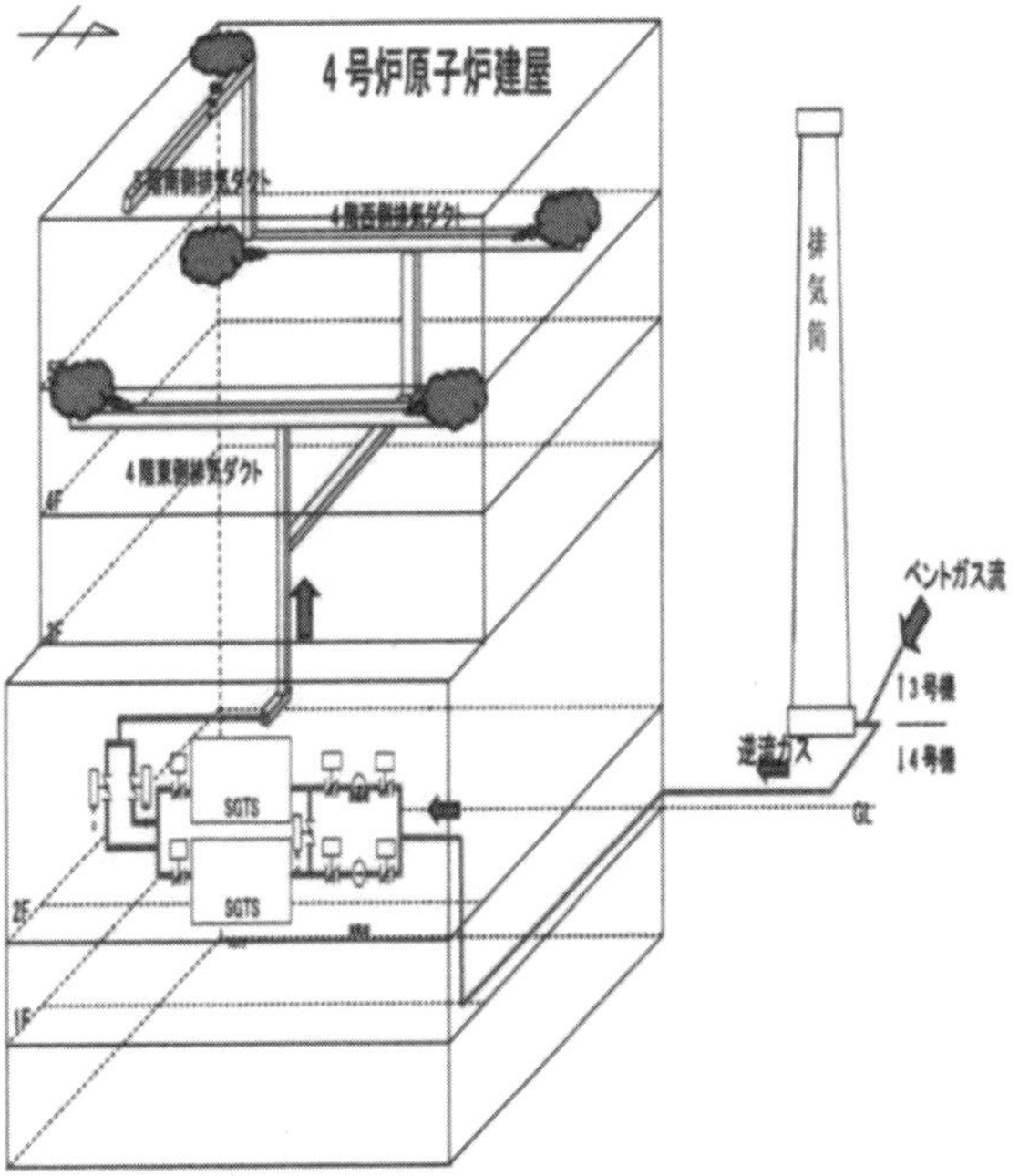

3号機から4号機への格納容器ベント流の流入経路

（東京電力『福島原子力事故調査報告書』より

すなわち、3号機の格納容器でベントを行ったことにより、3号機で発生した水素が配管を通じて4号機の非常用ガス処理排気管を逆流、4号機原子炉建屋に流入して、その上部に充満していったのです。そして何らかの着火原因により水素爆発が引き起こされた。4号機の原子炉建屋における水素の流れは上図のとおりです。実は、4号機では爆発より21時間前に高い放

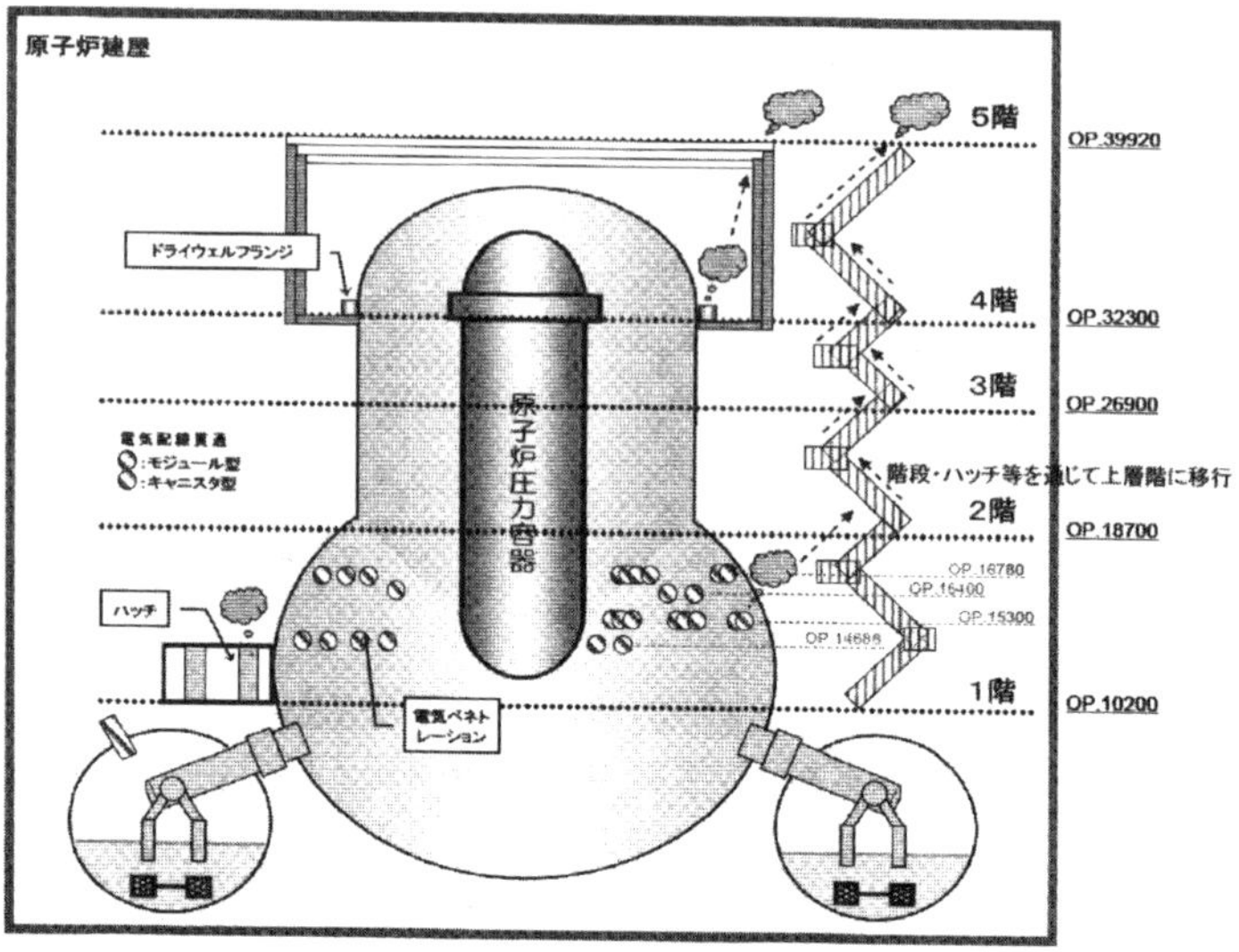

（『科学』2013年9月、第83巻第9号、岩波書店より）

射線量が認められていました。これは3号機から配管を通じて流入した放射性物質が原因だったのです。

既存の非常用ガス処理系排気管に格納容器ベント配管を接続し、さらに3号機と4号機の格納容器ベント配管を共用したことにより、4号機は水素爆発に至ったわけです。原子炉と格納容器を守るべきベントにより、他の号機の原子炉に水素が流れ込み、実際に水素爆発という重大な結果を招いたのですから、ベントラインの共有は重大な「設計上の欠陥」でした。

7　1号機から始まった負の連鎖

福島原発事故では1号機、3号機、2号機、そして4号機の順で破滅的な状況に陥っていきました。ここではその連鎖の流れをふり返ってみたいと思います。

地震に耐えられなかった１号機

福島原発事故については、津波によって電源盤等が被水し、全交流電源喪失（ＳＢＯ）が発生したことが主たる原因であると東京電力は説明しています。先に述べたとおり、津波によってＳＢＯに至るという設計自体、原子炉の重大な欠陥にあたりますが、それ以前に、少なくとも1号機については、地震によって損傷しており、想定された規模の地震に耐えられなかったという重大な欠陥があったのです。

1号機の水素爆発は原子炉建屋の最上階である5階ではなく、4階で発生しています。その原因は、非常用復水器系配管に生じた小破口によって水素が漏れ出し、4階に充満したことです。次ページの図は、３月11日の地震により1号機がスクラムする少し前から、およそ50分後のＳＢＯまでの原子炉圧力のペンレコーダ記録です。

この記録を概観すると ―

3月11日午後2時46分18・1秒に地震が発生しますが、その直前の1号機の運転中の原子炉圧力は約6・8メガ・パスカル（MPa）でした。地震により原子炉が自動的にスクラムし①、それにより原子炉内の冷却材の気泡が潰れ、炉圧が低下していますが、主蒸気隔離弁（ＭＳＩＶ）が閉止したため炉圧が上昇し始めました②。そして炉圧が規定値7・13メガ・パスカルに達したため、午後2時52分、

【1号機　原子炉圧力】

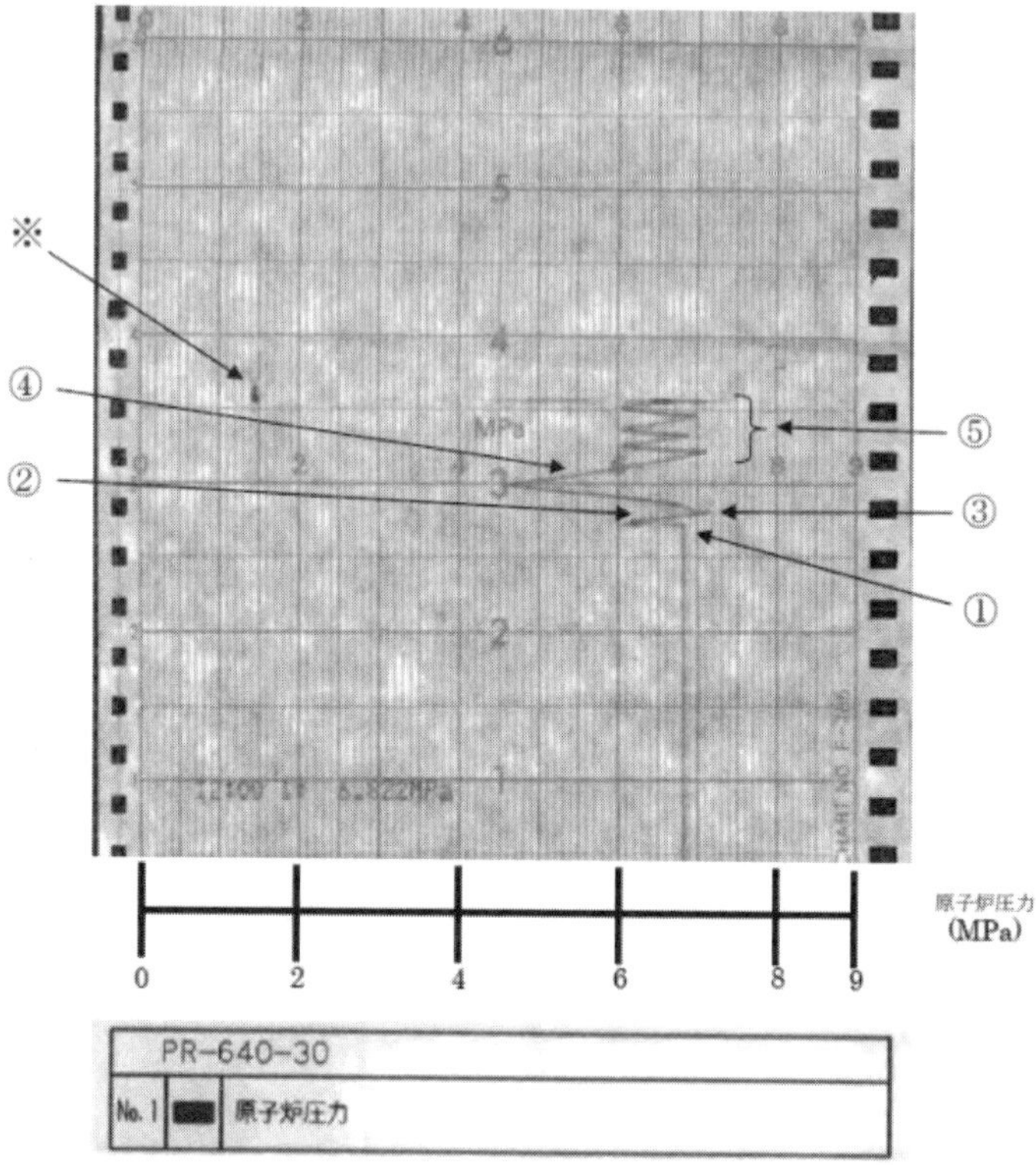

※記録紙の中央に記されている数字 1、2、3…は、3月 11 日の午後の 1 時、2 時、3 時…を意味している。

（東電「福島第一原子力発電所運転記録及び事故記録の分析と影響評価について」（2011 年 5 月 24 日公表）

非常用復水器（ＩＣ）が自動起動し③、そのため炉圧が降下し始めました。

しかしその約11分後の午後３時３分、降下していた炉圧が突然Ｖ字回復しています④。これは、運転員がＩＣを中央操作室（中央制御室）から手動操作で閉じて停止させたためです。この手動停止の理由について、操作に関わったある運転員は概ね次のように説明しています。


経験したことがないほどの激しい地震の揺れに、１号機の中央制御室にいた運転員たちは身の安全を確保するため床に伏した。揺れている時間が非常に長かったので、運転員は床に伏したまま下から操作盤を見上げるようにして、点灯・点滅するさまざまなランプを互いに指をさしながら確認した。

そういう中でＩＣが自動起動したことも確認した。その後も様々な運転対応に追われる中、原子炉圧力が約７メガパスカルから約４・５メガパスカルまで大きく降下したという報告を他の運転員から受けた。そこで、炉圧をコントロールするためにＩＣを止めた。炉圧が回復した後はマニュアルどおり手動でＩＣを操作しながら、原子炉圧力を６〜７メガパスカルぐらいの間にキープした。あとはマニュアルどおり冷温停止までもっていける自信があった。

圧力を変化させれば当然温度も変化するので、運転員はいつもできるだけ温度的にソフトな運転をしようとは思っている。しかし、温度変化率のためにＩＣを止めたということではない。炉圧をコントロールするためだった。

つまり、午後2時52分から午後3時3分までのわずか11分間のＩＣ作動で炉圧が一気に落ちてしまったため、ＩＣ系配管または他の配管が長く激しい地震動によって破損し、その破損箇所から冷却材が漏れ出すようなトラブルが起きたと考え、圧力をコントロール下に置こうとしたのです。すなわち、1号機のＩＣ系配管は地震によって小破口を生じたのであり、これが水素爆発に至る直接的な原因となったといえます。

さらに、1号機の非常用交流電源2系統の異常は、いずれも午後3時36分台に生じています。津波が1号機敷地へ到着したのが、午後3時39分頃であることからすれば、1号機の非常用電源喪失は、津波到達より前に発生していたのです。つまり1号機では、津波ではなく地震によってＳＢＯが発生したということです。

このように1号機では、重要な機器・設備が地震に耐えられないという重大な欠陥があり、これによって地震から24時間50分後の水素爆発を発生させることとなったのです。

3号機への連鎖

2号機のサービス建屋1階にあるパワーセンターと呼ばれる電源盤の一つが、1メートルほど津波によって浸水しながらも上半分が水没を免れ、「テスター」に反応しました。そこで、仮設ケーブルをつないで、電源車から電気を送り込めば、2号機のみならず1号機の電源も復旧し、その後は、各号機間に電源を融通しあえるシステムを使って3号機にも電気を供給することができるはずでした。

地震の翌日3月12日未明、東京電力や協力会社の社員ら約20人によってケーブルを引く作業が始まりました。総延長は約２００メートル、直径10数センチあるケーブルの重さは全体で1トン以上になります。

大津波警報が続き、余震のたびに退避する繰り返しの中での作業で、これが完了したのは午後3時半頃でした。その直後の午後3時36分、隣の1号機で水素爆発が発生、吹き飛んだ原子炉建屋上部のがれきは、ようやく整ったケーブルの上にも落下。ケーブルは損傷し、作業は振出しに戻ったのです。

作業環境は格段に悪化。がれきには放射性物質が付着し、付近の放射線量が急上昇。さらなる爆発への恐怖もつきまとう。

作業員たちは、全面マスクに防護服という動きにくい格好で、がれきの片付けから始めなければなりませんでした。被ばく線量の設定値を超え、線量計が鳴りっぱなしの人もいました。1号機の水素爆発によって、電源復旧作業による各号機の原子炉冷却装置を動かそうという構想は崩れ去ったのです。

1、2号機が早々にSBOに陥る中、3号機だけは他の号機より高い場所である地下1階と1階の間にある中地下室にバッテリーが設置されていました。そのため、当初は津波の被害を免れ、原子炉隔離時冷却系装置（RCIC）による原子炉への注水を行うことができました。その後、配管などの破断リスクが比較的小さく、蒸気タービン駆動の高圧ポンプで原子炉の冷却水を注水できる高圧注水系（HPCI）に切り替え、生き残ったバッテリーで制御しながら、注水を続けていました。ところがSBOから約一日半が経過した3月13日未明、高圧注水系を動かすタービンの回転数が減ってきました。1号機の水素爆発によって、3号機の電源復旧が遠のく中で、ここまでなんとか持たせ続けてきたバッテリーの容量がいよいよ残り少なくなり、冷却装置が動かなくなる危機が間近に迫ってきたのです。

タービンの回転数が不安定になったHPCIをこのまま動かすと故障する恐れもあると考えた当直長は、タービン建屋地下にあるディーゼル発電機で動く消防用ポンプを起動させて、これによる注水システムに切り替えようと考えました。このポンプは軽油で動くため、電源がなくても起動が可能です。3号機でも、1号機と同じように、すでにシビア・アクシデントのマニュアルに沿って、原子炉建屋やタービン建屋に張り巡らされた配管の弁を開け閉めして、原子炉に流れ込む注水ラインが作られていたのです。

ただし、70気圧から10気圧までの高い圧力で水を注ぐHPCIと違い、消防用ポンプは5気圧前後の低い圧力でしか注水できません。3号機の原子炉圧力は6気圧から9気圧で推移していました。消防用ポンプによる注水に切り替えるためには、SR弁を開いて原子炉内の高圧の水蒸気を格納容器に逃がし、少なくとも5気圧程度にまで下げる必要があったのです。

午前2時42分、運転員が手動でHPCIを停止し、すぐさまSR弁を開けるためにレバーをひねった。しかし、開かない。8つあるSR弁のうち1つでも開けば、5気圧程度まで圧力を下げることは十分に可能であったにもかかわらず、いずれも開かないのです。バッテリー不足が濃厚でした。

自家用車10台のバッテリーをＳＲ弁の制御盤に接続することによって弁を開き、３号機の原子炉圧力を下げ、消防用ポンプによる注水を開始することができたのは、ＨＰＣＩの停止から６時間半あまり後のことでした。それでも３号機は、十分に注水することができず、それから約25時間半後の３月14日午前11時１分に原子炉建屋の水素爆発に至ったのです。

１号機の水素爆発によって、完了したはずの電源復旧作業が振出しに戻されたことによる負の連鎖の結果です。

２号機への連鎖

２号機もＳＢＯに陥る中、かろうじてＲＣＩＣによる原子炉への注水が続いていましたが、いつ止まってもおかしくない綱渡りの状態でした。

しかし、先に述べたように、２号機の電源盤は完全な水没を免れていたため、電源車から電気を送り込むことによって、ＲＣＩＣによる注水を継続できるはずでした。それを１号機の水素爆発が阻んだのです。電源復旧のための作業は続けられましたが、３月14日の３号機の水素爆発によってさらに多くのがれきが飛び散り、自衛隊員ら11人がけがをしました。

２号機ではＲＣＩＣでの注水で綱渡りを続けながら、いざとなれば消防車で注水し、原子炉を冷やし続けられるよう準備を整えていました。しかし、新たな爆発によってホースが破損。消防車での注水に欠かせない原子炉圧力を下げるための操作も、ＳＲ弁の欠陥により困難になっていたのです。

繰り返す余震のために作業はたびたび中断しながらも、同日7時20分頃には注水の準備が整いました。しかし今度は、肝心の消防車が燃料切れで水を送ることができなくなっていました。2度の爆発によって、建屋周辺の放射線量がさらに上昇し、消防車の状態を監視し続ける作業員すら置くことができなくなっていたのです。

電源が失われ、まともな注水もできずに追い込まれた2号機に残された最後の手段がベントでした。放射性物質を外に放出することになりますが、格納容器の圧力はすでに設計上の想定を大きく上回っていました。格納容器が大きく損傷すれば、より多くの放射性物質が放出されることになる。非常手段です。しかし、このベントも難航しました。SBO下でのベントは訓練もしたことがない操作だったのです。

翌3月15日の午前6時10分頃、中央制御室がドーンという異音とともに下から突き上げられるような衝撃に襲われ、それと同時に、2号機の圧力抑制室（S／C）の圧力計器が「ゼロ」を示しました。約3時間後の午前9時、福島第一原発の正門付近で毎時11・93ミリ・シーベルトという放射線量の最高値を記録しました。一般の人が1年間に浴びて差し支えないとされる1ミリ・シーベルトにわずか6分ほどで達する値です。2号機の格納容器は下部にあるS／Cを含め、いずれかの箇所が損傷し、大量の放射性物質が外部に放出されたということです。

ここでもやはり、1号機、3号機の水素爆発によって電源復旧が妨げられたことにより、2号機の格納容器の損傷、そして放射性物質の大量放出という最悪の事態へと連鎖していったのです。

４号機への連鎖

２号機の格納容器が損傷した直後の３月15日午前６時14分、定期検査中で停止していたにもかかわらず４号機で水素爆発が発生しました。前に述べたとおりの設計上の欠陥によって、３号機が格納容器のベントをするたびに、配管を通じて水素が４号機に逆流していくという、まさに思いもよらない連鎖の結果だったのです。

このように１～４号機は共通のもの、固有のものを含め、それぞれ複数の重大な欠陥をもっており、それによってＳＢＯが発生し、メルトダウン、水素爆発、そして放射性物質の大量放出という史上最悪の原発事故へとつながっていったのです。

特に、１９７１年３月運転開始という最も古い１号機は、地震によって重要な機器・設備が損傷するという致命的な欠陥をもっており、このことが負の連鎖の起点となりました。福島原発事故は、１～４号機にある多数の重大な欠陥が絡み合い負の連鎖を生じさせたために、現場運転員らの命を賭した尽力によってもその進行を押しとどめることができず、最悪の事態にまで進行していったのです。

第3章　ノー・ニュークス権

福島原発事故以降、日本の社会は大きく変わりました。毎週金曜日の官邸前には、抗議行動のための人々が季節や天候にかかわらず集まり続けます。原発訴訟では、裁判所がこれまでになかったいくつかの素晴らしい言葉を語りました。世論調査では原発に反対する人々が8割に達しました。原発事故から約6年間は、ほぼ原発ゼロのなか、国民は何ら不便を感じることなく生活をすることで、原発即時廃止が現実的な選択肢であることを知りました。原発のない社会の実現はすぐそこまで来ているように思えました。

他方で2015年8月14日の川内原発から再稼働が少しずつ進められ、裁判所は従来通りの態度に戻ったかのように、住民らの差止め請求を理由ともいえない理由で次々に斥け始めました。政府は原発の新設増設を前提とするかのようなエネルギー基本計画を発表し、政治家も経済界も、原発事故などなかったかのように原発の推進を明言するようになりました。このような厳しい状況の中、既に手にしているのに、多くの国民が気づいていない極めて有力な武器があります。

「原子力の恐怖から免れて生きる権利」

すべての国民が被ばくのリスクを負うことなく平穏に生きることとは、今や単なる期待や要求、主義主張ではなく、憲法上の人権として主張できるのです。人々はそれに気づかないまま、政府や電力会社を闇雲に非難しているように見えます。原発訴訟においても、「人格権侵害の具体的危険性」という従来の枠組みに縛られ、その中でもがき苦しんでいるように見えるのです。原子力は政治や政策ではなく人権の問題として取り扱われるべきであり、そうでなければ子どもたちの未来を守ることはできません。

時代の変遷の中で憲法上の保障を受けるべき利益と認められれば、新しい人権として主張することが可能になるということは、プライバシー権を例に挙げれば理解しやすいのではないでしょうか。原子力の恐怖から免れて生きることの権利性が、プライバシー権と同じように国民の常識として認識されるようになれば、社会はドラスティックな変化を遂げるはずです。

ここでは、原子力の恐怖から免れて生きる権利（われわれはこれを「ノー・ニュークス権」と名付けました）とは、どんな内容を持つ権利なのか、それがなぜ人権として認められるのか、そして、それによってどんなことを実現できるのかについて、概観していきます。

1　独自の権利性

原発事故による被害は極めて深刻であるだけではなく、非常に特殊な性質をもっており、ほかのどんな事故や災害とも異なるものです。その損害論については、今も活発な議論が続いており、そこから原子力の恐怖から免れて生きること独自の権利性が浮かび上がってきます。

ノー・ニュークス権の顕在化

政府や原子力事業者は原発の「安全神話」を意図的に垂れ流してきましたが、2011年3月11日以降、あらゆる信頼は崩れ去りました。

福島原発事故によって、放射能による被害の実態が明らかとなり、国民もこれを知ることとなったのです。放射性物質は人の身体を侵害し、生命をも奪う。その影響は遺伝し、世代を超える。慣れ親しんだ生活の場を奪い、当たり前にあった日常やコミュニティを奪う。しかも、大気中に一旦大量に放出されれば、元の状態に戻すことは不可能です。放射性物質の大気中への放出による影響は、規模や期間、その質において、他の公害や環境問題とは比べようもなく、唯一、戦争のみがそれに比肩し得るほどのものであることが明らかになったのです。このように影響の大きいものだからこそ、国も正確な情報をリアルタイムで流すことをためらい、これによって国民の不信感はさらに深刻なものとなっていきました。日本各地、さらに海外でも、脱原発への声が一気に拡がっていったのです。

このような現実を目の当たりにして、当然のように多くの人々が原子力に対する恐怖を抱き、そのような不安から免れて生きたいとの思いを強く抱くようになりました。この原子力に対する恐怖、不安感を権利として構成したのが、ノー・ニュークス権です。

繰り返しますが、「原子力の恐怖から免れて生きる権利」のことを「ノー・ニュークス権」と呼びます。憲法前文、13条および25条から導かれ、具体的には、「通常人が合理的な理由に基づいて、放射能による生命・身体・財産の侵害が発生する恐れがあると感じる場合に、妨害の排除、または予防を請求するための根拠となる権利」です。憲法前文で宣言される「平和的生存権」は、自衛隊イラク派遣の差止め、違憲確認および損害賠償請求訴訟においても、控訴審においてその具体的権利性が認められています（名古屋高裁2008年4月17日）。

ノー・ニュークス権は、かつての原爆投下や世界における数々の原発事故の被害の実態を背景とした、原子力に対する恐怖からの保護がその核心となります。

人格権の進化形あるいは環境権の具体化と説明することもできるでしょう。

ノー・ニュークス権は、人格権が侵害される恐れ、つまり不安感そのものを法的に保護します。たとえば原発の差止めを求める裁判では通常、人格権侵害の具体的危険性の立証を求められますが、ノー・ニュークス権によれば、そのような不安が合理的な理由に基づいていることを立証すればいいということになるため、人格権の進化形ということができます。

「良好な環境を享受する権利」とされる環境権は、その内容の不明確さが問題とされてきましたが、被ばくの恐怖を感じないで生きることができる環境というのは、万人にとって「良好な環境」といえ、その内容ははっきりしています。したがって、環境権の具体化ということができ、これを従来の「内容が不明確」などという理由で排斥することはできないはずです。

原子力に対する恐怖は、単なる不安感や危惧感ではなく、生命・身体に対する侵害から免れて安心・安全な生活を送りたいという、身体的人格権に直結した精神的人格権ともいえます。このような考え方は、平穏生活権の考え方と類似します。とくに福島原発事故以来、その被害の特徴を正確に捉える必要性から、平穏生活権についての議論が重ねられています。

平穏生活権という概念は、人格権に基づく権利として確立されたものです。近時のある裁判例では、「平穏安全な生活を営むことは、人格的利益というべきであって、その侵害は、危惧感などの主観的かつ抽象的な形ではなく、騒音、振動、悪臭などによって生ずる生活妨害という客観的かつ具体的な形で表れるものであるから、人格権の一種として平穏安全な生活を営む権利（以下『平穏生活権』という）が実定法上の権利として認められると解するのが相当である」とされています。

原発事故の損害論 ―― 基本的生活権

福島原発事故の被害全体を正確にとらえるには、財産的損害、精神的損害といった従来の損害の概念では不十分であるとの議論がなされています。この被害の分類方法についてはさまざまな見解がありますが、被害救済を十分に行うためには、まずは実態として存在する損害をそのまま損害として把握することから始めなければなりません。そのために、「平穏生活権」、「基本的生活権」や「包括的生活利益としての平穏生活権」といった概念が必要とされています。

吉村良一教授は、平穏生活権や基本的生活権について、以下のように論じています。

> 平穏生活権には、①身体や健康に直結した平穏生活権と、②主観的な感情等に関する利益が法的保護に値するかどうかを検討する際に受け皿となる平穏生活権の二種類があるが、原発事故の被害は①にあたる。なぜなら、放射線被ばくによる不安は健康被害への不安であり、そのような不安には客観的根拠があるためである。この平穏生活権は「不安」が主要な問題とされているが、福島原発事故による被害についてはこれにとどまらず、避難者の生活が根こそぎ破壊されたことを適切に評価する必要がある。地域や人との関係を築いて人間らしい生活を続け、命を次世代につないでいくプロセス自体が奪われたこと、住宅や家財道具は単なる財物ではなく、「基本的生活権」を支える物質的基礎であって、これらが奪われたことも軽視してはならない。

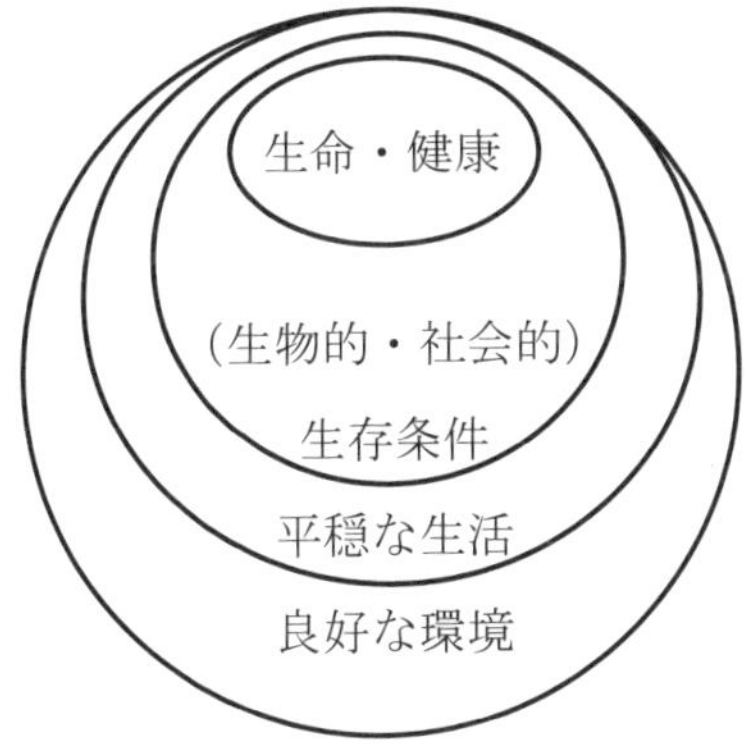

われわれは、地域コミュニティといった生活諸条件に支えられ

て生物的・社会的に生存している。この生存が脅かされたとき、健康・生命が危険にさらされる。原発事故は生活基盤を奪い、それが生存の条件を脅かし、ひいては生命・健康被害につながっていく。したがって、被害の構造は「生活破壊→生存条件の剥奪→生命の危機」としてとらえることができるが、福島原発事故はこれらの多層的な権利や法益を極めて深刻な形で侵害したのである。

憲法上の人権規定との関係を考えるにあたっては、原発事故によって住民らの生活と生存条件が深刻に侵害されていることから、生存権（憲法25条）が重視されなければならない。また、避難を余儀なくされた住民らや、あるいは放射線被ばくや地域社会の機能不全の中でとどまって暮らす住民らの双方とも尊重されるべきことから、幸福追求権や自己決定権（憲法13条）の観点も必要である。

要するに原発事故の被害の救済と防止を実現するための価値理念は、憲法13条と25条の2つを基軸とすべきとするのが吉村教授の見解です。

原発事故の損害論 ― 包括的平穏生活権

淡路剛久教授も、原発事故によって及ぼされた被害について考察を加えます。

福島原発事故による県内避難者、県外避難者、避難先不明者は、今も数万人に達しており、避難生活からの生活再建が実現できていない人々が多く存在する。このような人々にとっては、「地域での元の生活を根底からまるごと奪われた」ことが、原発事故による被害の実態である。被害者は、日常生活そのものが破壊されているが、このような被害を法的な損害賠償概念で表そうとするとき、交通事故賠償によって形作られた既存の損害賠償法の仕組みで捉えきることは不可能である。そこで、この被害を法的に表現すれば、自由権、生存権、居住権、人格権、財産権といった権利法益を含む平穏な日常生活を営む権利の侵害であり、これは「包括的生活利益としての平穏生活権」（包括的平穏生活権）と呼ぶことができる。

原発事故によって侵害された利益をこのように構成することで、以下のような特徴的な損害類型を導くことができる。すなわち、(1) 被害者住民が、高濃度汚染地域にとどまっていた間に放射能汚染に曝露したことによる深刻な健康影響の不安、(2) 被害者住民が避難生活中に被った、そして被りつつある精神的被害、(3) 放射能汚染によって元の地域から他の地域へ移住を余儀なくされた被害者住民の地域コミュニティ喪失（地域生活利益の喪失と精神的苦痛）、(4) 移住を余儀なくされた被害者住民が他の地域で居住するための不動産損害、そして(5) 環境損害である。

このうち、(1) はさらに、①避難中に高濃度汚染地域で被ばくしたときの恐怖感と、②被ばくが将来健康被害を引き起こすのではないかという深刻な危惧感の2種類がある。①は恐怖の慰謝料としてとらえられる問題であり、②は身体権に直結した精神的人格権として賠償されるべき損害にあたる。(3) は、「包括的平穏生活権」に包摂された「地域生活を享受する権利」の侵害の結果生じた損害である。この権利には、①隣近所や地域の交流等による人格形成と発展の機会という精神的平穏・精神的安定という精神的側面、②水田や畑の利用と維持、里山の維持と管理といった自然環境を享受する利益などといった精神的損害ないし無形の損害も含まれ、それらも賠償の対象となる。

以上の見解で指摘されているように、原発事故により人々の生活が根底から奪われるという異常な事態が起こったことから、これらの被害は従来の概念では捕捉できないものとなっており、学者らからは平穏生活権をより進化させた概念が主張されています。原発事故による被害の実態を目の当たりにした今、原子力による生命・身体への侵害から免れたい、被ばくの不安のない安心・安全な生活を送りたいという思いは、身体的人格権に直結した精神的人格権であるといえ、当然法的保護に値するものといえます。

2　新しい人権

幸福追求権（憲法13条）は、「社会の変革にともない、『自律的な個人が人格的に生存するために不可欠と考えられる基本的な権利・自由』として保護に値すると考えられる法的利益」を「新しい人権」として憲法上保障する根拠となるものであり（芦部信喜『憲法〔第六版〕』１１９頁）、このことは判例上も学説上も争いがありません。

すなわち、新しい人権は、社会の移り変わりのなかで人権として承認されうるものであることから、人権として保護すべき法的利益といえるかどうかは、社会状況などを詳細に検討したうえで、それが肯定される場合には、新しい人権として承認されるべきです。

この点、憲法学者の戸波江二は、幸福追求権から新しい人権が導き出される要件について、「権利の性質からして特定の人権と把握できるか、権利が社会的に承認されうるか、という2点が考えられる」といいます。このうち、社会的承認が必要となるのは、「主張された権利を憲法上の人権として承認する社会意識の存在は、突飛な人権主張を斥けるためにも必要」とします。

具体的には、「社会的承認としては、当該権利を憲法上の人権と評価するだけの社会的必要性が客観的に認められ、かつ、国民の間で一般的に権利性を肯定する社会意識が存在すること」と説明します（「幸福追求権の構造」公法研究 第58号）。社会的に承認されているかどうかは、社会的必要性と社会意識の存在を検討することによって決することになるのです。

本訴訟の第一審で被告GEらために意見書を作成した憲法学者の高橋和之は、新しい人権を承認するための要件について、「新しい人権の承認のためには、少なくとも次の2点の論証が必要である。①自律的生のために不可欠な利益であること。②その利益の確保が非常に困難となっていること、換言すれば、その侵害の危険性が非常に高くなっていること」であると自身の著書で述べています（「立憲主義と日本国憲法〔第四版〕」）。

この2つは、その権利を保護すべき社会的必要性を要求しているものといえ、戸波説の2点目の要件と大きく異なる見解ではないといえそうです。これに対して高橋意見書では、上記①②について一切検討を加えないまま、幸福追求権を根拠として具体的な権利が認められるためには、「保障内容が明確に確定された個別的・具体的権利類型として構成されなければならない」としつつ、ノー・ニュークス権については、「いまだ抽象的な性格にとどまっており、訴訟において依拠しうるほどの具体性を欠いている」とのみ述べて、新しい人権と認めることは困難であると断じました。自身は挙げていない戸波説の1つめの要件でノー・ニュークス権を排斥したものといえます。

現実を見渡せば、福島原発事故以降、原発に対する国民の意識は大きく変化しており、社会的には原子力による生命身体に対する侵害の危険性、原発や原子力への恐怖が切実なものとして現実化しています。このような恐怖にさらされずに生きたいとする権利が、なぜ「抽象的な性格にとどまって」いるといえるのでしょうか。高橋意見書は、ノー・ニュークス権について実質的な検討をしているものではなく、論理としては未熟かつ不十分といわざるを得ません。

ノー・ニュークス権を取り巻く現実の状況に基づき、以上の見解を意識しつつ検討していきます。

3　原子力のコントロール不能性

原発事故によって放出される放射性物質による被害の実態は、想像を絶するほど甚大かつ深刻です。それにもかかわらず、原発事故を未然に防ぐことは不可能であるうえ、事故発生後にそれを収束させ、放射性物質の拡散を防ぐことも極めて困難です。社会的承認の前提として、原子力を完全にコントロールすることは、二重の意味において不可能であることをまずは確認しましょう。

年	月	事故概要	事故レベル/INES
1952年	12月	カナダ、チョークリバー炉で原子炉爆発事故	5
1955年	11月	米国、高速増殖炉EBR-1で炉心溶解事故	-
1957年	9月	旧ソ連、ウラル核惨事（高レベル放射性廃液が爆発）	6
1957年	10月	英国、ウィンズケール原子炉火災事故	5
1958年	10月	ユーゴスラビア、ボリス・キドリッチ核研臨界暴走	-
1959年	7月	米国、サンタスザーナ実験所燃料溶融事故	-
1960年	4月	米国、ウエスチングハウス社実験炉炉心溶解	-
1961年	1月	米国、米海軍軍事用試験炉フォールズSL-1爆発事故	4
1964年	6月	米国、チャールズ燃料施設臨界事故	4
1966年	10月	米国、エンリコ・フェルミ炉炉心溶融	-
1973年	9月	英国、セラフィールド再処理工場で放射能放出事故	-
1977年	2月	チェコスロバキア、ボフニチェA1発電所燃料溶融事故	4
1979年	3月	米国、スリーマイル島発電所事故	5
1980年	3月	フランス、サン=ローラン=デ=ゾー発電所2号機燃料溶融、放射性物質漏洩事故	4
1983年	9月	アルゼンチン、コンスティテュエンス原研臨界事故	4
1986年	4月	旧ソ連、チェルノブイリ発電所事故	7
1987年	9月	ブラジル、ゴイアニア被ばく事故	5
1989年	10月	スペイン、バンデロス発電所火災事故	3
1991年	2月	美浜発電所2号機水蒸気発生器伝熱管損傷事故	2
1991年	4月	浜岡発電所2号機原子炉給水量減少事故	-
1993年	4月	ロシア、セヴェルスク（トムスク-7）爆発事故	4
1995年	12月	もんじゅナトリウム漏洩事故	1
1997年	3月	東海再処理施設火災爆発事故	3
1999年	6月	志賀原子力発電所1号機臨界事故	2
1999年	9月	東海村JCO臨界事故	4
2001年	11月	浜岡発電所1号機配管破断事故	1
2004年	8月	美浜発電所3号機2次系配管破損事故	1
2005年	4月	英国、セラフィールド再処理工場事故	3
2005年	9月	アルゼンチン、アトーチャ1号機過大被ばく事故	2
2006年	7月	スウェーデン、フォルスクマルク原子力発電所1号機電源喪失事故	2
2007年	7月	中越沖地震による柏崎刈羽原子力発電所トラブル	0
2008年	3月	ベルギー、フルーリュス放射性物質研究所ガス漏れ事故	3～4
2011年	3月	福島第一原子力発電所事故	7

安全対策の限界

１９５０年代の原子力発電所の稼働開始から福島原発事故までに、ＩＮＥＳレベル４（「放射性物質の少量の外部放出：法定限度を超える程度（数ミリ・シーベルト）の公衆被ばく」や「原子炉の炉心や放射性物質障壁のかなりの損傷／従業員の致死量被ばく」を伴う事故）以上の原発関連事故に限ってみても、少なくとも14件もの原発関連事故が発生しています。福島原発事故は、ＩＮＥＳレベルの上限であるレベル7とされており、日本は１９９０年以降、東海村ＪＣＯ臨界事故と合わせ、レベル４以上の原発関連事故を複数回起こした唯一の国となっています。

『原子力市民年鑑２０１５』では、国内の原発別に主な事故が報告されており、２０１４年末までに合計で１２４６件もの原発関連事故が発生しています。

原発名	報告件数
泊原発	13
東通原発	6
女川原発	67
福島第一原発	147 （※本件原発事故以前は141件）
福島第二原発	70
柏崎刈羽原発	109
東海・東海第二原発	102
浜岡原発	103
志賀原発	31
敦賀原発	77
美浜原発	81
大飯原発	104
高浜原発	82
島根原発	43
伊方原発	84
玄海原発	40
川内原発	18
ふげん・もんじゅ	69
合　計	1246

国内の原発関連事故報告件数

人類はこれまで、原子力爆弾による意図的な攻撃だけでなく、水爆実験などの研究段階での事故や原発事故による被害など、多くの場面で甚大な原子力被害を体験してきました。特に原発については、1950年代の稼働開始から今日に至るまで、国内外で膨大な数の事故が発生しています。事故が発生するたびに、国内外でさらなる事故対策が講じられてきたであろうにもかかわらず、なおも原発関連事故は繰り返されているのです。

原発のシステムは極めて複雑であり、原発の設計に携わる設計者や技術者であっても、そのシステムや機器の全容を完全に理解している者はいません。日本原子力事業株式会社（後に東芝が吸収合併）の技術者として、原発の設計・建設に携わった小倉志郎氏は、原発のシステムにつき、「設計も部品の製造も非常に多くの企業や企業内の異なる部門が分業でおこない建設現場で組み立てられて一つの原発が完成する。したがって、原発の全体を隅々まで一人で理解している技術者はこの世の中に一人もいない」、「あらかじめ作成されたマニュアルに沿って、運転制御したりすることは（可能だとしても）、予期していない現象や事故の際には、どうしたらよいかわかる人間が一人もいないということが当然ありうる」と述べています（『元原発技術者が伝えたい本当の怖さ』）。

通常、原発は多重防護の観点から、たとえば配管の一部に亀裂や破断があり冷却水が喪失したとしても、緊急炉心冷却装置（ＥＣＣＳ）が起動して炉心へ注水されます。仮に高圧注入系のＥＣＣＳが故障していても、低圧注入系といった別の系統によって炉心冷却が図られるというように、幾層にも重なる事故対策システムがとられています。そして、それらの複数の事故対策システムが突破されることなど、数100万分の1、数1000万分の1の確率でしかないため、事故が起こることは「想定」できず「安全」であるとされてきたのです。

しかし、これらは確率論として可能性が低いというだけで、「想定」を超える事故が起きないことについての保証ではありません。スリーマイル島やチェルノブイリ、そして福島など、いくつもの「想定」を超える事故、すなわちシビア・アクシデントが発生しているのです。

問題は、このような事故が存在する以上、対策が必要となりますが、それ自体「想定」外の事象であるため、十分な安全対策が採り得ない点にあります。

たとえば、格納容器の耐圧設計にはゆとりがとられているため、事故による高温状態から水素が発生して高圧状態に陥っても「安全」といわれてきました。しかし、想定した設計値をはるかに超える圧力上昇が実際に起きた場合には、爆発の危機に直面します。マークI型の格納容器の耐圧性は4気圧でしたが、福島原発事故では8気圧まで上昇しました。そのため、外部へ放射性物質が含まれた水素を放出する〝格納容器ベント〟の実施を決断せざるを得ませんでした。しかし、そこまでの高温・高圧かつ電源喪失状態でのベントも「想定」外です。同時に格納容器から水素が原子炉建屋内に大量に漏れ出るような事故の確率は極めて低く、そのような事態も「想定」されていなかったため、何ら対策は講じられていませんでした。その結果が、原子炉建屋における水素爆発です。放射性物質を外部に出さないことを最大の使命とする格納容器にとって「自殺行為」ともいえるベントも、シビア・アクシデントにおいてはまったく不十分な対策だったのです。

事故の想定・回避の限界

広島・長崎への原爆投下やビキニ水爆実験での第五福竜丸の被ばくによってもたらされた国民の原子力に対する恐怖心を払拭するため、国や電力会社は、原発を安全かつ安価な「夢のエネルギー」であると喧伝してきました。たとえば政府は１９６４年、原子力利用を国策として推進するため、毎年10月26日を、広く国民一般の原子力についての理解と認識を深めることを目的とした「原子力の日」に制定するなど、その安全性についての啓蒙活動に勤しんできました。

スリーマイル島原発事故から3年後の原子力委員会１９８２年長期計画においては、この事故に一言も触れないまま、「１９６６年我が国に初めて商業用発電炉が運転を開始して以来、今日まで従業員に放射線障害を与えたり、周辺公衆に放射線の影響を及ぼすような事故・故障は皆無であるという実績からも、今日、原子力発電所の安全性は基本的に確立していると言える」と断言しました。

チェルノブイリ原発事故が発生した翌年である１９８７年の長期計画では、「これまで周辺公衆に影響を及ぼすような放射性物質放出を伴う事故は皆無であり、この実績からも原子力の安全性は基本的に確保されている。このような我が国の優れた安全実績は海外諸国からも高い評価を受けている」と述べるなど、政府による「安全神話」作出の例を挙げればきりがありません。

２００６年の第１６５回臨時国会において、吉井英勝議員による「大規模地震によって原発が停止した場合、崩壊熱除去のために機器冷却系が働かなくてはならない。津波の引き波で水位が下がるけれども一応冷却水が得られる水位は確保できたとしても、地震で送電鉄塔の倒壊や折損事故で外部電

（朝日新聞 1986 年 10 月 26 日／
出典：早川タダノリ著『原発ユートピア』より）

源が得られない状態が生まれ、内部電源もフォルクスマルク原発のようにディーゼル発電機もバッテリーも働かなくなった時、機器冷却系は働かないことになる。この場合、原子炉はどういうことになっていくか。原子力安全委員会では、こうした場合の安全性について、日本のすべての原発1つ1つについて検討を行ってきているか」との質問に対し、当時の総理大臣・安倍晋三は、次のように答弁しています。

「地震、津波等の自然災害への対策を含めた原子炉の安全性については、原子炉の設置又は変更の許可の申請ごとに、「発電用軽水型原子炉施設に関する安全設計審査指針」（平成2年8月30日原子力安全委員会決定）等に基づき経済産業省が審査し、その審査の妥当性について原子力安全委員会が確認しているものであり、御指摘のような事態が生じないように安全の確保に万全を期しているところである」

福島原発事故によって、安部晋三の述べる「安全の確保」が何の意味も持たないものであったことが証明されてしまいました。

電力会社によって構成される電気事業連合会も、チェルノブイリ原発事故の数か月後には、「10月26日は原子力の日。…もちろん安全も万全。」（朝日新聞1986年10月26日）などと新聞広告を出しています。

このような広告は、日本で重大な事故が起こっても掲載され続け、東海村のＪＣＯ臨界事故（1999年9月30日）のわずか5か月後には、「なるほどね。原子力発電所って、トラブルも考えて作ってあるのね」、「そうなんです。異常や事故を想定した安全対策が施されています」（読売新聞2000年2月23日）という新聞広告が出されました。

ＪＣＯ臨界事故では3人の作業員が中性子線を浴び、そのうち2人が急性放射線障害で死亡したにもかかわらず、です。それ以降も5名の死者（負傷者6名）を出した2004年8月9日の関西電力美浜発電所3号機2次系配管破損事故など、多くの原発関連事故が発生しています。

ＪＣＯ臨界事故についての原子力安全委員会の調査報告書では、「今回の事故の底流には、臨界事象に対する危機認識の欠如・風化があった。的確な危機認識は、安全問題の原点となるものであり、原子力に携わる全ての組織と個人とが、その役割に応じて継続的に保持することが重要である。また、その社会への定着のためには、『安全神話』や『絶対安全』から『リスクを基準とする安全の評価』へ意識を転回していく必要がある」と述べられています。結局、政府や電力会社がばらまいてきた「安全神話」は、相次ぐ原発関連事故により大きく揺らいでいたうえ、福島原発事故によって完全に崩壊し、なんら根拠のない夢物語であったことが明らかとなったのです。

川内原発のトラブル

福島原発事故を受け、２０１３年7月8日、原子力規制委員会が決定したいわゆる「新規制基準」が施行され、その直後に九州電力は川内原発1、2号機の審査を申請しました。

原子力規制委員会は、２０１４年9月、重大事故対策などの設計基本方針を審査し、「設置変更許可」を決定、翌２０１５年3月には各機器や設備の設計内容を示した「工事計画」を認可して、3月末から使用前検査を開始。5月には事故時の対応手順などの運転管理を定めた「保安規定変更」を認可し、これにより申請から2年近くにわたった審査が終了しました。

当初、新規制基準による審査期間は半年程度と考えられていたところ、想定の3倍以上もの時間をかけて審査されたことになります。

その後、使用前検査が終了して、8月11日、川内原発は新規制基準施行後、国内初の再稼働に至ったのです。

福島原発事故後、国内のすべての原発が停止し、大飯原発の一時的な再稼働の後、約2年もの間完全な「原発ゼロ」の状態が続いたこともあり、２０１４年11月10日に発表されたＮＨＫの世論調査によれば、国民の57％が川内原発の再稼働に反対という状況でした。

超党派の国会議員で結成された「原発ゼロの会」は、国会の内外で、川内原発再稼働に対する問題を糾弾し続けていました。鹿児島地方裁判所における川内原発の再稼働差止めを求める仮処分申立てなど、全国各地の裁判所において、原発再稼働の是非を問う裁判が行われていました。

このような状況のもと、川内原発の再稼働にあたっては、その時点における最高水準の準備が整えられていたはずです。

それにもかかわらず、再稼働直前の８月７日には、原子炉冷却水ポンプの軸の振動を測定している計測器の数値が異常に低下するトラブルがありました。さらに、再稼働直後の８月20日から21日にかけては、復水ポンプ付近で復水器に海水が混入したと思われる事故が発生し、予定されていた出力上昇を見合わせるという事態が発生したのです。

厳しい世論と社会状況のもと、十分な準備時間と最大限に慎重な判断のもとに再稼働されたはずの川内原発において早くも立て続けにトラブルが発生したことは、新規制基準の内容にかかわらず、原発事故の発生を防ぐことは不可能だということを図らずも露呈したものといえるでしょう。

原発事故発生後のコントロール不能

大規模な原発事故が発生すると、大量の放射性物質が放出され、人間や環境へ深刻な被害を及ぼし、その被害は拡散し続けます。その現実は、事故から30年以上が経過しているチェルノブイリ原発事故の例をみるまでもなく明らかです。福島原発事故においても、放射性物質による人間や環境への被害は短期的なものにとどまらないうえ、放射能汚染自体も拡散し続け、収束の見通しは立っていません。

自動車に不具合があったときは使用を停止することで被害の発生を防ぐことができ、仮に事故が起こっても被害の範囲は限定的です。火力発電所や化学プラントでの事故を想起しても同様であり、トラブルが発生しても施設の運転停止により事故の拡大を防ぐことができます。火災事故などによって有害物質が放出された場合であっても、その発生原因である燃料などが焼失すれば、さらなる発生・放出は抑えられ、いずれ被害は収束します。

これに対し、原発事故では制御棒挿入によって連鎖を止めない限り核分裂は起こり続け、それを止めることができたとしても、冷却機能が回復するまで崩壊熱が発生し続けます。さらに、単に注水して崩壊熱を抑えるだけでは、放射能に汚染された水や水蒸気が放出され続けるため、冷却材（多くは水）の循環装置が回復されない限り、被害は拡散し続けるのです。

このように、ひとたび原発事故が発生すると、その事故を収束することは容易ではなく、放射能の拡大を抑止したり、汚染された地域を浄化するためにはさらなる困難を強いられます。原発事故発生後においても、原子力をコントロールすることは不可能と言わざるを得ません。

結局のところ、原発を稼働しようとする限り事故の発生は避けられず、またひとたび原発事故が発生するとその収束は困難であり、放射能は拡散し続けます。原子力をコントロールすることは、二重の意味で不可能なのです。

4　原子力による被害の特異性

ノー・ニュークス権の内容が抽象的なものにとどまらず具体的な性質をもつものであることは、

原子力による被害の特異性からも導かれます。ここではその特異性について論じたいと思います。

放射性物質による健康被害

放射性物質の拡散による健康被害は、いうまでもなく原子爆弾や水素爆弾によっても引き起こされ、日本への原爆投下や世界各地での原爆・水爆実験によっても大きな被害が生み出されました。爆発による高い熱エネルギーによる被害とともに、大量の放射性物質を撒き散らして人体に被害を及ぼします。これらの被害は、熱エネルギーの届かない場所においても発生するのです。

１９５４年3月1日、ビキニ環礁付近でマグロの遠洋漁業を行っていた第五福竜丸は、アメリカ軍の水爆実験による放射性降下物によって被ばくしました。アメリカ軍の設定した危険区域外において操業していたにもかかわらず、被ばくを免れることはできなかったのです。乗組員らは自力で日本に帰港しましたが、頭痛、嘔吐、歯茎からの出血、脱毛などの病状を呈し、約半年後に無線長が死亡しました。

放射線はＤＮＡを破壊し、大量の放射線に被ばくした場合には急性障害を発症します。リンパ球や白血球の減少、吐き気、発熱、下痢などを引き起こし、最悪の場合には下血や紫斑、脱毛なども生じ、死に至る。このような急性障害は１００ミリ・シーベルト以上の被ばくによって発症するといわれています。

ＪＣＯ臨界事故では作業員３名が被ばくしました。推定で10シーベルト以上の被ばくをしたと考えられる従業員2名は、集中治療の甲斐なく83日後と211日後にそれぞれ死亡しました。細胞の再生能力が失われ、体のあらゆる部分に不調を来たし、体全体の皮膚がはがれ落ちるなどの症状も生じ、当時の最高水準の医療をもってしても最終的には有効な治療手段がなくなって、壮絶な死を迎えることになったのです。

また、被ばく量が少なく急性障害が生じないような場合であっても、後にがんや白血病などの晩発性障害を引き起こす恐れがあることが分かっています。急性障害については100ミリ・シーベルトを超えなければ発症しないという意味で一定量以下の被ばくであれば安全という「閾値」が存在しますが、低線量被ばくについては閾値は存在せず、どんなに少量であっても健康リスクが高まるといわれています。専門家の立場から放射線防護に関する勧告を行う民間の国際学術組織であるICRP（国際放射線防護委員会）も、被ばく線量に比例して直線的にリスクが増加するという閾値なしの直線モデルを認めています。

特に放射性物質を体内に取り込む内部被ばくでは、外部被ばくの場合以上に細胞が影響を受けやすく、健康リスクは高くなります。

生殖細胞が放射線を受けた場合には、染色体の異常や遺伝子の突然変異が起き、その影響が子孫にまで現れる可能性が生じます。このような遺伝的影響については、遺伝子の損傷が直ちに奇形や先天的疾患、遺伝病として発現する恐れもありますが、他の環境因子と複合的に作用し、生後相当期間経過後に疾患として発症するケースもあります。

福島原発事故でも健康影響が懸念されています。小児甲状腺がんは現実に多発しています。白血病や乳がん、その他のがんの発症の増加も報告されており、原発事故が人体に大きな被害を及ぼしていることは、もはや否定しようがありません。

放射性物質は、ひとたび大気中に放出されると、それ自体は無味無臭で直接目視もできないことから、その中にいる人々が被ばくを回避することは不可能です。必然的に外部被ばくし、大気中の放射性物質の呼吸による吸引や汚染された食料を食べることなどによる内部被ばくを免れることも困難です。原子力は、人類の存在自体に対する脅威といえるでしょう。

居住不能地域の発生

放射性物質による放射能が弱まり、はじめの半分になるまでの時間である半減期は物質によって異なり、1万年を超えるものもあります。福島原発事故によって大量に放出されたセシウム137の半減期は30年です。放射性物質が大量に残留している地域については、事故後、かなりの期間が経過した後でも、高い放射線量が計測され、人体への影響が懸念されるうえに、そこで採取される野菜や動物なども汚染され有害な食物となることから、人類が生活するには適さない土地となってしまいます。

チェルノブイリ原発事故では、原発から30キロメートル以内の地域については強制避難の対象となり、約11万6000人が避難させられました。これらの人々は、今も公的には戻れていません。

福島原発事故の発生後、政府は順次、周辺住民への避難指示を拡大し、1号機建屋の爆発後は、原発から20キロメートル以内の地域について避難指示を出しました。その後は各地で計測された放射線量をもとに避難区域の見直しを度々行ってきました。年間20ミリ・シーベルト以上の被ばくリスクがあるか否かをひとつの基準として避難区域の設定を行っています。２０１２年４月１日以降は、「帰還困難区域」、「居住制限区域」、「避難指示解除準備区域」という新たな区域が設定されました。「帰還困難区域」とは、年間積算線量が50ミリ・シーベルト超の地域で、５年間を経過してもなお20ミリ・シーベルトを下回らない恐れのある地域です。原発事故から6年が経過した２０１７年4月時点でも、帰還困難区域の面積は約３７０平方キロメートル、約2万４０００人がその対象となっています。

そもそも政府の定める年間20ミリ・シーベルトいう基準自体が妥当といえるのかという問題があります。もともと1ミリ・シーベルトという基準がＩＣＲＰによって採用され、日本政府も同様に定めています。20ミリ・シーベルトを基準として避難指示を解除するという方針は、従来の限度を大幅に超える被ばくを許容するものです。特に、妊婦や子どもたちは放射線に対する感受性が強く、健康障害を発症するリスクがより高いといわれおり、政府の施策には多くの批判があります。

政府は、除染作業によって年間積算線量を低減させていく方針ですが、地上に拡散した放射性物質を完全に除去することは不可能であり、今後数十年にわたって人間が居住することのできない地域が出てくることは確実です。

このように、原発の重大事故が起こると、長期間および広範囲にわたって居住できない区域が発生します。人為的な事故によって、これだけの居住不能地域が発生する例は、ほかにはありません。このことは、物理的な意味での移動、居住の自由が奪われるという制限にとどまらず、その場所で生活していた人々の生活の拠点が奪われることを意味します。その地域に居住していた人々にとっての故郷や地域コミュニティといった重要な価値が破壊されることになるのであり、およそ金銭では計り得ない甚大な損害となるのです。

福島からの避難

原子力安全・保安院は、２０１１年４月12日、福島原発事故について国際原子力事象評価尺度（ＩＮＥＳ）に基づき、最悪の「レベル７（深刻な事故）」に評価を引き上げました。この時点で、１９７９年のスリーマイル島原発事故のレベル５を超え、１９８６年の旧ソ連のチェルノブイリ原発事故に匹敵する事態であることが確認されたのです。

福島原発事故で大気中に放出された放射性物質の線量は、ヨウ素換算（ＩＮＥＳ評価）にして約９００ペタ・ベクレル（PBq）（うちヨウ素：５００ＰBq、セシウム１３７：10ＰBq）とされています。放射性核種（ヨウ素、セシウム、ストロンチウム等）が大気、土壌、地下水、河川、海洋などの環境中に大量に放出され、それは現在も継続中です。

環境省によると、福島県内の５１５平方キロメートルもの土地が年間20ミリ・シーベルト以上、同県内の１７７８平方キロメートルもの土地が年間５ミリ・シーベルト以上の空間線量を発する可能性のある地域になりました。年間1ミリ・シーベルトを超える地域については途方もない広範囲になることが予想され、単なる数字ではイメージのわかないほどの汚染の広がりを見せています。

放射能の大量流出は、広域かつ未曾有の数の避難者を生み出しました。その数は、２０１２年5月時点において、合計で16万４８６５人に達したのです。

避難指示等の指定をされなかった福島県内の多くの地域においても、年間1ミリ・シーベルトをはるかに超える放射線量が検出されています。このため、避難指示区域外（特に、福島市、郡山市、いわき市等）の住民の多くも福島県内にとどまることができず、県外に避難することを余儀なくされました。特に、妊婦や子どもを抱える家庭は、住居地にとどまるか避難するか、ギリギリの選択を突きつけられました。そして、少なくない人々が県外での避難生活を決断したのです。

災害救助法が事故直後から福島県全域に適用され、避難区域等の内外を問わず、避難した福島県民の多くが全国各地に設けられた避難所や応急仮設住宅（みなし仮設住宅を含む）に入りました。福島県から県外に避難した人々は事故から1年後のピーク時で実に6万２８３１人、9年が経過した今も3万人以上に及んでいます。

これほどの大規模な避難が円滑に行われたわけではありません。十分な情報もなく、事故への恐怖、生命身体への危機感から、多くの人々が着の身着のまま、口コミや噂などの不確実かつ限られた情報を頼りに、避難を決断しました。避難場所にたどり着いても既に満杯であったり、親類の家であっても長期間は居づらいなどの事情で、多くの被害者が避難のための移動を何度も繰り返すことになったのです。

生活の実態

福島県で暮らす人々の多くは、自然との調和のもと、家族や地域住民との交流などによって豊かな日々を送っていました。ところが原発事故により自らが拠って立つ基盤であるコミュニティが破壊されたうえ、長引く避難生活によってそれぞれの人生設計に深刻な影響を受けています。

突然、故郷からの避難を余儀なくされ、集落や地縁から分断され、長年継承されてきた伝統文化を享受することもできなくなり、それまで築き上げてきた生産や学びの場も消失してしまった。体力も衰え、最悪の場合は避難先で死亡したり、将来を悲観して自死の道を選ぶという痛ましい事態も生じています。２０１５年3月10日付の東京新聞の報道によれば、原発事故で避難を迫られ体調が悪化して死亡した事例などを「原発関連死」とし、同紙が独自に調査したところ、その数は少なくとも１２３２人に上るとのことです。自死事件について東京電力の責任を認め、損害賠償を命じる判決も出されています。

他方、避難をしなかった人々は、たとえ低線量であっても、環境中に放出された放射性物質の危険と常に隣り合わせで生活をしなければなりません。こうした精神的負担は、放射性物質が完全に除去されるまで続くことになります。現在、放射性物質汚染対策特措法に基づいて、国や市町村によって除染が行われています。しかし、その進行状況は遅く、その方法も表土を剥ぎ取ったり、高圧洗浄機で流したりしているだけで、剥いだ土の処分方法も決まっていません。放射性物質を取り除くのではなく、移しているだけのいわば「移染」を行っているに過ぎないのです。

日常生活においては、洗濯物を外に干すということ、地物の食材を買うこと、家庭菜園で野菜を作ることなどを躊躇しながら、常に被ばくへの不安の中で生きることを強いられています。毎年帰省していた子や孫も顔を見せなくなり、自慢の米や野菜を喜んで食べてくれる人もいなくなってしまった。屋外で深呼吸をしたり、山歩きをしたり、散歩をすることにも抵抗を感じてしまう。子どもたちに、「外遊びをしてはいけない、草や虫、木の実などを採ってはいけない」などと言わなければならない。幼い子どもたちは、ストレスを溜めているばかりか、体力的にも衰えが見られる。

そんな日々が続いているのです。

福島第一原発の状況

東京電力と国は、現在、福島第一原発の1～4号機の廃炉などに向けた中長期計画に基づいて作業を実施しています。

具体的には、10年後を目標に燃料デブリ（燃料と被履管等が溶融し再固化したもの）の取り出しを開始。30年から40年後を目標に、燃料デブリをすべて取り出し終わり、放射性廃棄物の処理・処分を終了させるというものです。廃炉に向けた計画は、これまでも度々変更されており、今後も予断を許しません。その間、大きく損壊した原発からは、依然として放射性物質が放出され続けることになります。作業期間中に大きな地震、津波などが再び発生すれば、さらに大量の放射性物質を屋外に排出することになる恐れもあります。

そのうえ、福島第一原発は２０１１年12月17日に当時の野田首相によって事故収束宣言が出されているにもかかわらず、その後も現在に至るまで、数々の汚染水漏れ事故、配管や計器のトラブルなど無数の事故、事象が発生しています。汚染水を保管するタンクに水を送るポンプの発電機から火の粉が上がって、作業員が消し止めるという事故、２号機使用済み核燃料プール冷却の約５時間にわたる停止、炉心溶融した原子炉格納容器内部に初めてロボットが投入された際、走行開始後わずか３時間で停止……

作業ミスが原因でタンクにつながっていない配管に汚染水が流れ込み、処理済みの汚染水６トンが漏れたということもありました。２０１４年４月から１年ほどの間に、東京電力が福島原発事故前に定めていた年間の管理目標値２２００億ベクレルの３倍超に当たる７４２０億ベクレルの放射性セシウムが、海に漏出していたとの試算を明らかにしたとの報道もありました。

これらの現実からも、原発事故を収束させることがいかに困難かを思い知らされます。今後もまたいつ大事故が発生し、大量の放射性物質が拡散されるか分からない状況であり、私たちは原発事故や被ばくの危険に今後もさらされ続けることになるのです。

5　避難という選択

2016年1月28日に、内閣府の原子力被災者生活支援チームから発表された資料によれば、福島県全体の避難者数は約10万人、そのうち避難指示による人は約7万人とのことであり、したがって残りの約3万人はそれ以外の避難者ということになります。彼らは、一般に「自主避難者」と呼ばれ、避難指示のあった「強制避難」に対し、「自ら勝手に選択をした」というように解釈されることがありますが、それは間違いです。

正確にいえば、自主避難者とは、年間積算線量が20ミリ・シーベルト以下の地域から避難した人たちのことです。彼らは、様々な情報から総合的に判断をし、特に放射線の影響を受けやすいとされる子どもたちの健康を考慮して、やむにやまれぬ思いで愛着のある故郷から離れることを決断したのです。本来は「避難指示区域外避難者」とでも呼ぶべきですが、ここでは便宜的にすでに定着してしまった「自主避難者」という言葉を使うことにします。

彼らには避難指示がなかったために、東京電力からの定期的な賠償や国からの十分な支援施策を受けることができず、また多くの誤解によって誹謗中傷にさらされ、極めて過酷な立場に追い込まれているケースが少なくありません。

自主避難者たちの苦難に満ちた生活については、『ルポ　母子避難―消されてゆく原発事故被害者』（吉田千亜著、岩波新書）に詳しいので、そこから一例を紹介しましょう。

ある自主避難者

「あんなものが爆発して安全なはずがない」

２０１４年3月14日、Ａさんは、夫と当時５歳の息子、３歳の娘と一家４人で、いわき市から栃木県のスポーツセンターへ避難した。そこでは、避難指示があった人も自主避難した人も含め、多くの福島県からの避難者が共同生活をしていた。子どももたくさんいたことから、Ａさんの子らもすぐに仲良くなり、共有スペースのスポーツセンターのロビーで遊ぶようになった。Ａさんの息子は、人一倍動き回る元気な子だったこともあり、Ａさんは申し訳なさをかかえながら、避難所の掃除などを率先して行い、子どもたちにもたびたび「あまりうるさくしては駄目よ」と注意していた。

ところが、ある日、子どもたちが輪になって共有スペースで遊んでいるのを見ていた初老の男性が突然、パーテーションの壁を殴って「うるさい、静かにしろ！あっちに行け！」と叫んだ。Ａさんは掃除の手を止めて駆け寄り、「どうしてそんなことを言うんですか？」と言うと、男性は掴みかかる勢いで「うるせぇ！帰る場所のあるやつは、帰れ！」と怒鳴り、広いロビーにその声が響き渡った。周囲の人に、逃がすように調理室に連れて行かれたＡさんは、私は帰る場所があるのか、だから避難していることを認めてもらえないのかと、泣きながら頭の中で男性の言葉を何度も繰り返した。この時の経験がＡさんに「自主避難は自己責任」という意識を植えつけ、「誰にも頼ってはいけない、自分ですべて解決しなくてはならない。誰からも『原発避難者』として認めてもらえない」、そう思って過ごすきっかけとなったのである。

3月下旬になると、避難所の閉鎖がささやかれるようになった。Aさんはスポーツセンターの職員に「自主避難者を受け入れてくれる場所はありませんか」と相談し、4月中旬になって、埼玉県の公営住宅に入居できることが決まった。夫はすでにいわき市へ帰っており、避難に反対することはなかったが、もともと家計が苦しく、最初から経済的な援助はできないと言われていた。Aさん自身も「自分が何とかしなくてはならない」と思っており、自分たちがこちらでの生活基盤を作り上げれば、夫もいずれ仕事を辞めて避難してきてくれるだろうと考えていた。Aさんは、公営住宅の近くでパート先と、息子と娘の保育園を見つけた。

入居後間もなく、子どもたちに朝ご飯を食べさせ、保育園に送り、仕事に向かう、仕事が終わると、まっすぐに保育園に迎えに行き、買い物をして自宅に戻り、夕飯を食べさせ、風呂に入れて寝る、という仕事と保育園との往復生活が始まった。しかし、貯金を切り崩しながらの生活を避けることはできず、生活はどんどん苦しくなっていった。

そんなある日、夫がAさんのいないところで「あいつが勝手に避難したんだ」と身内に話していることを知った。Aさんは、子どもを守るために避難するのは当然だと考えていたが、夫は違ったのだということを知り、強いショックを受けた。それでもAさんは、夫に繰り返し「こっちに避難してきて」と伝えていたが、しばらくすると「避難費用はこれからもどうにもできないよ。そっちの生活はそっちでなんとかしてほしい」と、改めて金銭的援助を一切しないと宣言された。避難生活を続けるためには、夫に頼ることなく自分で稼ぐしかない、そう強く決意することを余儀なくされたのである。

Aさんには、いわき市に戻るという選択肢はなかった。子どもたちは泥んこ遊びが大好きで、外にあるものは手あたり次第、遊び道具として触る。いわき市で普段の生活を始めれば、子どもたちは無防備に放射能を浴びることになってしまう。しかし、幼い息子は「いわきに帰りたい」と泣いた。

2011年11月、Aさんは離婚を決意した。避難から8か月、「夫婦2人で一緒に子どもを守りたい」と願っても、夫にはそう思ってもらえないという事実を、毎日突きつけられる状況に耐えられなくなったのである。夫は離婚を受け入れたが、養育費を支払う意思はなかった。

Aさんは少しずつ壊れていき、夜になるとアルコールに頼るようになった。最初は500ミリリットルの缶酎ハイを1本飲む程度だったが、徐々に増えていき、多いときには一晩で6缶パックがなくなっていた。毎晩、寂しくて泣いていても、酒を飲み始めれば、すべて忘れることができた。

毎晩、3時間眠ると目が覚めてしまう。もう一度眠ろうとしても、どうしても眠れない。ようやく眠れそうになると、もう朝の支度をしなくてはならない時間になっていた。

子どもたちの笑顔も減っていた。気持ちのゆとりのなさから些細なことで叱ってしまう。子どもたちは、自分の顔色をうかがうようになっている。Aさんはそう気づいていた。

部屋の雰囲気を変えて気持ちを立て直そうと、Aさんは、思い切って部屋のカーテンを替えることにした。ところが数日後、Aさんはゴミを出すために外へ出たところ、同じ団地に住む女性から「カーテンを替えたのね。いいわねぇ、避難者は東電からお金をもらえて」と言って立ち去っていったのである。この時期、東電から自主避難者への賠償はなかった。これだけ苦しい生活をしているのに、カーテン一つ替えただけでも責められるのか。国からも、福島県からも見捨てられ、世間にも認められない。どこにも自分の味方はいないという耐え難い孤独感がAさんを襲った。

2012年の夏ごろになると、Aさんの体調に異変が起きた。くるくると目が回るようになったり、スーパーで買い物をしているときに息ができなくなり、手の震えが抑えられなくなった。仕事中にもめまいが起き、倒れてしまった。しかし、病院に行く余裕もなく、漢方薬を処方してもらって、なんとかフルタイムの仕事をこなしていた。

疲れ果てて仕事から帰ったAさんは、子どもたちと会話を楽しむどころか、つい子供たちにあたってしまい、些細なことで感情にまかせて叱りつけてしまうことが増えた。思い余って、手が出てしまうこともあった。夜、子どもたちが寝静まり1人になると、毎日「死にたい」と思った。「こんな風に生きたい」「こんな風に育てたい」などというささやかな願いは、もう叶わない。失ってしまったものは、あまりに大きかった。酒の量も、日に日に増えていった。

ある日、Aさんは仕事に行けなくなった。その次の日も、起き上がることができなかった。そして、その次の日も。もう限界だった。「原発事故のせいだ」と言いたくても、「帰る場所のある人」と言われ、賠償をもらっていないのに「賠償があっていいわね」と言われる。周囲のすべての人から責められているようで、外に出ることもできなくなった。

娘の保育園の送迎と買い物以外は、部屋に引きこもる生活となり、これを知った近所の人からは、さらに「余裕があっていいわね」などと言われたが、言葉を返す気力もなくなってしまった。それからしばらくして、Aさんは、生きていくために「今はこうするしかない」と自分に言い聞かせ、生活保護を受けるために役所を訪れた。

避難の権利

２０１１年７月に設立された自主避難者の支援を目的とした法律家団体「福島の子どもたちを守る法律家ネットワーク（ＳＡＦＬＡＮ）」は、「避難の権利」が認められるべきであると主張してきました。

彼らによれば、避難の権利とは「一定の線量以上の放射線被ばくが予想される地域の住民には、自らの行動を選択するために必要な情報を受け、そして避難を選択した場合に必要な経済的・社会的支援を受ける権利」です。このような権利については、チェルノブイリ原発事故の５年後に成立した、いわゆるチェルノブイリ法にその先例を見ることができます。

自らと子どもたちの健康や生命を守りたいという気持ちが、人間としての最も根源的かつ当然の要求であることからすれば、避難の権利を憲法上の人権として位置付けたうえで、それを具体化するための日本版チェルノブイリ法の立法が必要といえます。そこでＳＡＦＬＡＮは、「子どもたちを放射能から守る福島ネットワーク」などと連名で、２０１２年２月25日に提言を発表しました。その中では、年間１ミリ・シーベルトを超える原発事故由来の放射線被ばくが予想される地域を「選択的避難区域」に指定することをはじめ、この区域からの避難者の生活再建支援のための諸方策を講じること、個々人の求めに応じて累積被ばく線量を管理するための健康管理手帳を交付し、健康診断・医療費の無料化等、適切な措置を講じることなどを求めています。

子ども・被災者支援法

２０１２年２月16日、日本弁護士連合会は、「居住地から避難するか、残留するかなどの意思決定に当たっては、被害者に対し、放射性物質による現在の汚染状況と今後の除染計画や風雨などに伴う放射性物質の移動などを予測した上で、中長期的な汚染状況の変化を適切に予測し、その正確な情報の提供をするとともに、被害者の自己決定権を尊重し、どのような決定を下した者に対しても、その状況に応じて十分な支援を行うこと」などとする意見書を公表しました。

また、国会議員らも子どもや妊婦等を対象とした特別の施策を求める法律案を提出しました。同年３月28日に民主党の議員らを中心として参議院に提出された法律案では、放射線量が政府による避難指示の基準を下回っているが一定の基準以上である地域を「支援対象地域」とし、そこから避難した避難者については、「避難の権利」の実質を保障する規定が置かれたのです。

このような動きを受けて２０１２年６月21日、ついに通称「子ども・被災者支援法」が成立し、同月27日に公布されました。

同法においても、「支援対象地域」が定められ、自主避難者に対する施策として、より子どもの生活に配慮した規定が置かれました。まさに、避難の権利の存在を前提とした法律です。

ただし、これは理念法であり、具体的な施策としては政府の基本方針の決定を待たなければならず、あくまでも「出発点」に過ぎません。しかし、現実に「避難の権利」を認めた法律が成立したという画期的な意義は、十分に評価されるべきものです。

人権侵害の連鎖

被ばくを避けたい、特に放射能の影響を強く受ける子どもたちを、少しでも被ばくのリスクから逃れさせたいと考えることは、人格的生存に不可欠な要求といえるでしょう。少なくとも合理的な理由によって被ばくのリスクがあると判断できる場合、それを避けるために行動することは当然の権利といえます。ところが、国や県の政策にそれが反映されず、自主避難者は「自ら勝手に選択をした」かのような扱いを受けてきたために、避難指示区域外から避難した人々は、不当かつ苛烈な状況に置かれてきました。人権侵害が連鎖的に発生しているのです。

避難の権利は、後述するようにノー・ニュークス権が、原発事故が発生してしまった後に変容する内容の一部を構成するものです。結局のところ、「原子力の恐怖から免れて生きる」という、人として誰もが望むべき根源的な利益が憲法上の人権として認められない限り、今も続く悲劇を終わらせることはできないのです。

6　社会状況

かつて原発は「夢のエネルギー」などといわれ、特に資源の乏しい日本においては、経済成長の実現に不可欠とされていました。しかし、現実に福島原発事故以降、約6年という実質的に原発ゼロの期間を何ら問題なく過ごし、くしくも東日本大震災の当日の午前中に閣議決定されたＦＩＴ法により再生可能エネルギーが爆発的に普及したことにより、原発の必要性は大きく低下しました。さらに福島原発事故によって、原発技術に対する信頼は崩れ去り、海外でも原発から撤退する国が続出したのです。ノー・ニュークス権が新しい人権として承認される社会状況は十分に整っているといえるでしょう。

原子力事業の必要性

福島原発事故の後、かつて全国の電力の30％を供給した54基の原子炉のうち廃炉が決まった福島第一原発の6基を除く原発も段階的に停止され、２０１2年2月ころにはほぼ「原発ゼロ」となり、２０１3年9月15日には完全な「原発ゼロ」が実現しました。約2年後の２０１5年8月に九州電力が川内原発の1号機を再稼働させましたが、さらに２０１8年2月まではほぼゼロといっていい状況が続きました。つまり日本は約6年間、ほぼ原発ゼロの中、さしたる困難もなく電力需要を賄うことができたということです。言い方をかえれば、現在では、原発に頼ることなく十分に電力供給を行うことができる態勢にあることが明らかになったということです。

このことを、電力需要と供給力の面から見てみると、全国の発電設備容量は2010年3月末時点で2億3715万キロワット、そのうち原子力は4885万キロワットでした。この時点で仮に原発ゼロとした場合には、発電設備容量は1億8830万キロワットとなります。2010年のピーク時の電力は8月7日の1億5913万キロワットでしたから、これを十分に満たすことができます（ちなみに過去最高でも2007年8月7日の1億7928万キロワット）。

したがって、電力自由化等によって電力会社間の電力の融通などが円滑に行われるようになれば、原発がなくても電力需要を十分に満たすことができるのです。

福島原発事故を受け、ドイツの各都市では反原発の運動が再燃しました。1986年のチェルノブイリ事故から25年となったこの年の4月25日には、ドイツの12カ所の原発前で一斉にデモが開催され、10万人以上が参加しました。こうした世論を受けて、ドイツ政府はそれまでの原発維持政策を急遽転換し、福島原発事故から3か月後に、2022年までの脱原発を決定・表明したのです。

もともとドイツでは、チェルノブイリ事故の影響を受け、早くも1991年には再生可能エネルギーの買い取りを義務づけた「電力供給法」が制定されていました。2000年には、社会民主党と緑の党の連立政権により、高額の固定価格買取りを20年間保証する「再生可能エネルギー法」が発効しました。固定価格買取りを設定すると、市場拡大が促され、その技術の製品が安くなるという効果があります。2009年には再生可能エネルギー熱法が発効となり、新築の建物には再生可能エネルギーにより一定の割合、熱を生み出すことが義務づけられました。

こうした政策を推進した結果、ドイツでは２０１１年に総電力の20％、およそ12万ギガワット（１２００億キロワット時）を再生可能エネルギーで賄うことができました。ドイツ政府は、２０２０年までに総電力の40％、２０５０年までに80％を再生可能エネルギーで賄うことを目標としていましたが、実際には２０１９年には46％と、目標を前倒しして実現してしまいました。

エネルギー事情をめぐる現在の状況からすれば、原発の必要性が低下していることは明らかです。

原発技術に対する信頼

日本では、国と電力会社が一体となって原発を国策として推進し、そのために重大な事故は絶対に起こらないとする、いわゆる原発の「安全神話」ががまかり通ってきました。チェルノブイリ原発事故が発生した当時も、技術が未熟な旧ソ連で起こった事故であり、高度な技術力をもつ日本の原発ではあのような重大事故はありえないなどと喧伝されました。しかし、現実に日本でもシビア・アクシデントが発生してしまったのです。

福島原発事故後の２０１２年８月、パブリックコメントにおいて89・１％が原発を不要と回答。反原発デモが全国各地で行われ、２０１２年７月16日に東京・代々木公園で開催された「さようなら原発10万人集会」には約17万人もの参加者が集結。事故から約９年が経過した現在も、規模は縮小したものの同様のデモや抗議行動は全国各地で行なわれている。いわゆる全共闘の時代を経験した世代以降の人々にとって、このような日本の光景は見たことのないものです。

原発に対する意識の変化は、日本国内にとどまりません。世界の原発に対する態度は、１９８６年4月26日のチェルノブイリ原発事故によっても大きく変化し、福島原発事故で決定的となったのです。先に述べたドイツに限らず、韓国、台湾、スイスなどでも将来的に原発を閉鎖することが閣議決定されたり、法制化されたりしています。

原発の技術に対する信頼は完全に崩れ去り、その危険性を世界中の人々が共有するに至ったからこそ、このような客観的事実が生じているということを確認する必要があります。

7 裁判や学説の動向

今や裁判所は、ノー・ニュークス権という名称こそ使わないものの、実質的にはこれを当然の権利として認めたといえる裁判例が現われてきています。

また、福島原発事故以降、複数の憲法学者らが、原発事故や原発そのものについて、憲法や人権の観点からの検討が必要であるとし、様々な主張を展開しています。

以下、いくつかの裁判例や学説を紹介します。

福井地裁判決

２０１４年5月21日に福井地方裁判所が言い渡した、大飯原発３、４号機の運転差止めを命じる判決は、司法が原発に関してどのように判断をすべきか、その模範を世界中に示しました。原発事故によってどのような事態が引き起こされるか、福島原発事故によって誰の目にも明らかになった深刻な状況を真摯に受けて言い渡されたものである点が重要です。

福井地裁判決は、「原子力発電所は、電気の生産という社会的には重要な機能を営むものではあるが、原子力の利用は平和目的に限られているから（原子力基本法2条）、原子力発電所の稼働は法的には電気を生み出すための一手段たる経済活動の自由（憲法22条1項）に属するものであって、憲法上は人格権の中核部分よりも劣位に置かれるべきものである。しかるところ、大きな自然災害や戦争以外で、この根源的な権利が極めて広汎に奪われるという事態を招く可能性があるのは原子力発電所の事故のほかは想定し難い。かような危険を抽象的にでもはらむ経済活動は、その存在自体が憲法上容認できないというのが極論にすぎるとしても、少なくともかような事態を招く具体的危険性が万が一でもあれば、その差止めが認められるのは当然である」として、人格権という根源的な権利が広汎に侵害される具体的危険性が「万が一でもあれば」、原発の差止めが認められるのは当然であると断じました。

そのうえで、「本件訴訟においては、本件原発において、かような事態を招く具体的危険性が万が一でもあるのかが判断の対象とされるべきであり、福島原発事故の後において、この判断を避けることは裁判所に課された最も重要な責務を放棄するに等しいものと考えられる」として、裁判所としてあるべき姿を自ら明確にしたのです。

今日において、原発事故による深刻な人権侵害が万が一にも引き起こされてはならないことは、もはや誰もが認める社会通念であるといえます。福井地裁判決は、このような社会通念を真摯に認めたうえで、原発事故によって侵害される権利につき、「人格権」という従来の伝統的な表現を用いつつも、その権利が侵害される具体的危険性が「万が一でもあれば」という文言を加えて、差止めが認められるべき要件を緩和したのです。このことは、人格権侵害に対する不安に合理的理由がある場合と同趣旨であり、実質的にはノー・ニュークス権を認めたものといえます。

原発事故による人格権侵害が生じる具体的危険性が万が一でもあれば原発の差止めが認められるということは、その危険に対する合理的な理由による不安が保護法益として認められたということであり、この法理はその後の大津地裁決定などによっても確認されています。

前橋地裁判決

福島原発事故後の損害賠償請求訴訟においても、２０１７年３月17日、前橋地方裁判所が、平穏生活権の核心部分としてノー・ニュークス権を明確に認めました。

同判決は、まず「人は、いかなる人生を歩むか、いかに自己実現をはかるかについての自己決定権を有している（憲法13条）。そして、日々の生活が……自己決定権を行使する際の基盤となるものであることからすると、個人の尊厳に最高の価値を置く我が国の憲法下において、民事上も、平穏な生活が権利又は法的保護に値する利益であることに疑いはない」として、平穏生活権について確認します。そして、ノー・ニュークス権という名称こそ用いていないものの、「原告らが平穏生活権が包摂する権利として挙げるもののうち、原子力発電に関わる放射性物質によって汚染されていない環境において生活し、放射線被ばくによる健康影響への恐怖や不安にさらされることなく平穏に生活する利益（以下、単に「放射線被ばくへの恐怖不安にさらされない利益」と呼称することもある。）が、法律上保護される利益であることは、原子力災害の防止に関する法律（炉規法、原災法等）及び原賠法3条から明らかである」としました。

ここに書かれた「放射線被ばくへの恐怖不安にさらされない利益」と「原子力の恐怖から免れて生きる権利」とは、ほぼ同義といっていいでしょう。前橋地裁判決は、13条から導かれる平穏生活権に含まれる権利として、ノー・ニュークス権を認めたといえます。

憲法学者の見解

中里見博教授は、憲法に書かれた社会的生存権（25条）と平和的生存権（前文）に続く生存権として「環境的生存権」を提唱します。原発被害の深刻な実態を検証したうえで、「原発の固有性は、そうした複合的な性質にあり、それの引き起こす被害は既存のどの人権でも十全には捉えきれない。よって、それに対抗すべき人権も独立した地位と名称を与えられるべきである。つまり、25条の社会的生存権と前文の平和的生存権の両方に軸足を置きながらも、それとは異なる独自の生存権を構想すべきであり、それを、憲法の平和主義（前文・９条）、13条、25条を根拠とする『環境的生存権』と呼びたい」との見解を展開しています。

清野幾久子教授は、福島原発事故による被害は、環境権の侵害にあたることは明らかであるものの、これまでの議論では今回の原発事故の被害に対しては対応できないとして、憲法論、特に国民の環境に関わる権利の側面からの再検討が必要だと述べます。

環境権の根拠を憲法13条および25条におく二重包装論を多数説としつつ、私見としては25条をベースとして、環境に関わる生存権を「環境的生存権」と名付け、その内容や法的性質について詳細に論じます。その中で、環境的生存権は平穏生活権にも根拠や内容を与えるとしつつ、これによって妨害排除請求が可能となるとします（たとえば、原発の差止請求）。また、13条による環境に関する人格権についても「環境的人格権」と名付け、「生命・健康への侵害の『不安・おそれ』まで含んだ環境的人格権の主張は、高リスク施設である原子力発電所の設置許可に際しての安全審査において、より厳格な審査基準で判断することを要請する」と述べています。

そのほか、辻村みよ子教授も、原発事故やそれに起因する災害に対する憲法学ないし人権論からの考察が不足していることを指摘し、安全な環境の中で生きる権利、震災復興や原発事故対策に資する人権論の構築を試みるなど、多くの憲法学者があらたな権利構成について見解を表明しています。

8　ノー・ニュークス権による可能性

ここまで、ノー・ニュークス権が新しい人権として認められるべき理由について、かなり詳細に論じてきました。権利としての具体性や社会的承認も十分であることが明確になったのではないかと思います。最後に、改めてノー・ニュークス権の意義とその可能性について述べてみたいと思います。

本来的意義

ノー・ニュークス権とは、原子力の恐怖から免れて生きる権利のことであり、私たちは「通常人が合理的な理由に基づいて、放射能による生命・身体・財産の侵害が発生する恐れがあると感じる場合に、妨害の排除、または予防を請求するための根拠となる権利」と定義しています。

放射能による権利の侵害は、他に比べるもののないほどに甚大かつ深刻なものであり、そのような恐怖にさらされながら生きることは、それ自体、重大な権利侵害となります。したがって、原子力の恐怖から免れて生きる権利は、個人の人格的生存に不可欠な利益です。個人に対する被害の具体的危険性が生ずる前の段階で加害行為の差止めが認められるべきであり、その意味で物権ないし人格権とも異なる性質をもつものといえます。

具体的には、原発事故によって被害を受ける可能性のある人々は、その原発の安全性が完全に保障されない限り、ノー・ニュークス権に基づいて、建設ないし運転の差止めを求めることができます。また、その安全性を判断するための一切の情報を求めることもできるのです。

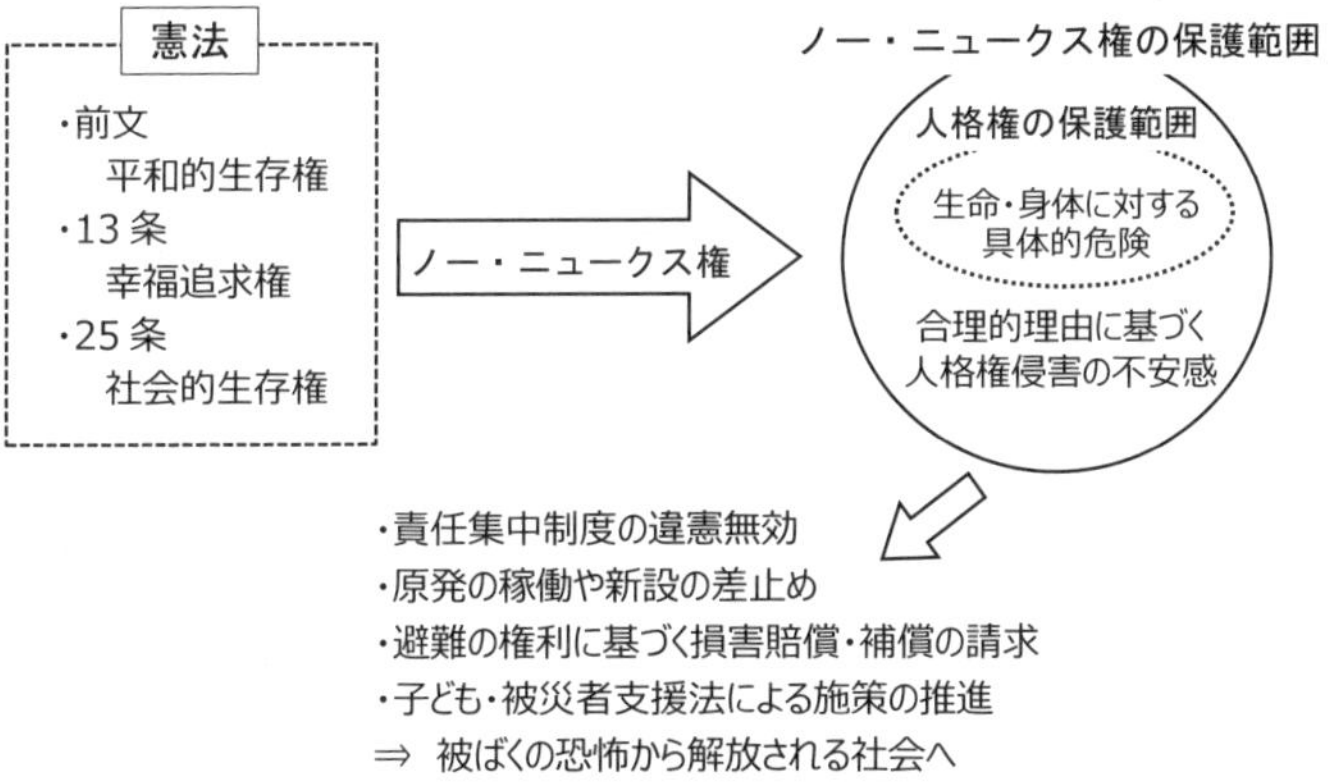

原発事故発生後の進化・変容

ノー・ニュークス権は、被ばくへの不安感を保護しようとするものですから、本来的には被害の発生を前提とはしていません。しかし、不幸にも原発事故が起こってしまった場合には、より強い具体的な権利に進化・変容し、以下のような請求をするための根拠となります。

(1) 完全な被害賠償を受ける権利

被害賠償の基本は、原状回復です。すなわち、事故の前の状態、生活を取り戻すことです。それがかなえられないという場合に、金銭による賠償ということになります。このとき、金銭的に完全な賠償がなされるべきは当然ですが、同時に被害者は自らに被害を生ぜしめた責任主体に対し、その賠償を求めることができるのです。このことは環境法における原因者負担原則のみならず、不法行為に対する被害者救済のための賠償責任の機能からも導くことが可能です。

損害賠償制度の究極の目的は、〝被害者の救済〟です。損害の補填はそのための中心的な機能ですが、被害者の救済はそれだけにとどまりません。慰謝や報復を求める精神的〝制裁〟的観念も払拭することはできず、損害賠償制度にもこのような制裁的機能が内在していることは否定できないのです。英米法で認められている懲罰的損害賠償は制裁以外の何ものでもありません。日本の現行法においても、慰謝料（精神的損害）の支払い（民法710条）は、損害の填補という観念とは異なり、端的に経済的制裁という性格に近いものです。債務不履行における違約金（同429条3項）も同様です。損害惹起の抑止機能として整理するかどうかは別として、不法行為法における制裁的機能は決して小さいものではなく、不法行為法の第2の目的といえます（近江幸治『民法講義Ⅰ』2004年版【89〜91頁】）。

被害賠償がされるのであれば、どこからでもいいというわけではありません。原発事故の被害者は、ノー・ニュークス権に基づき、事故の原因者に対して、完全な被害賠償を求めることができるのです。責任集中制度が、このような意味におけるノー・ニュークス権を侵害していることは、あえていうまでもありません。

（2）損害を最小限にとどめるよう求める権利

原発事故では、放射能の拡散を止めることが困難であり、土壌汚染、風評被害、晩発性健康被害などをもたらすという特徴があります。被害者は、これらによる損害を最小限にとどめるよう求める権利をもつことは当然です。

具体的には、まず事故を迅速に収束させるよう求める権利です。

事故を収束させない限り、原発事故の特徴的な被害は際限なく拡大し続けることになります。その損害を最小限にとどめるためは、一刻も早く事故を収束させることが重要です。したがって、ノー・ニュークス権に基づき、発生してしまった事故を迅速に収束させるよう求めることができるのです。

そして、前に詳しく述べた避難の権利です。

原発事故が発生すると、国は一定の基準に基づき避難命令を出します。しかし、その基準は必ずしも確実なものとは限りません。避難指示区域外に居住していても、放射能による健康被害等が発生する可能性があると判断し、自ら避難を決断する人々は少なくないのです。その判断が合理的なものである限り、避難指示区域からの避難者同様の保護が受けられる権利、すなわち「避難の権利」が認められるべきです。

避難の権利について、社会思想史の隅田聡一郎氏は、次のように述べています。

「放射線リスクだけをとりわけ問題視して、『避難の選択』を個人の自己責任に転嫁しようとするのではなく、『避難権』を『福祉国家』で確立されてきた『社会権』としてとらえる必要がある。……『避難権』のうち最も重要な権利が、健康被害に対する補償である。歴史的には、水俣病などの公害問題でも、政府は企業を擁護して公害認定を怠り、また行政と学会による恣意的な疫学調査がさらなる被害を拡大させた。……低線量内部被曝と健康影響との因果関係において、『因果関係の解明・疫学的な実証が先決だ』という言説は、行政・企業が被害の訴えを却下する理由とされ、さらなる被害の拡大をもたらすことは大いにあり得る。こうした、将来の健康障害のための補償を『最小化する』動きに対抗して、そこから独立した集団が調査や監視を行うためのシステムを構築すること、また、疫学調査では必ずしも把握できない健康影響の個別的事例を蓄積することなどが求められている」

このように既に議論が深められ、子ども・被災者支援法においても認められた避難の権利は、事故発生後のノー・ニュークス権の一内容をなすものといえます。

（3）再び同様の権利侵害が発生しないよう求める権利

原発事故によって、原子力の恐怖が現実化してしまった以上、再び同様の事故による権利侵害が決して発生しないよう、さらに強く求める権利へと変容することは当然です。

事故が再び発生しないような対策を講じるためには、事故が発生した原因を徹底的に究明することが必要不可欠であり、その責任を誰が負うべきかについても明らかにしなければなりません。そうでなければ、再び同じような事故が起こる恐れを払拭することは不可能だからです。よって、ノー・ニュークス権に基づき、原発事故の原因者および原因の究明を求めることができるのです。

このことを前提として、再び原発事故が起こることのないような対策を実現するために、新たな規制などを策定し、完全な安全を保障するよう求めることができます。もちろん、その規制は、国民の大多数からみて、十分な安全性を担保するものでなければなりません。

これまで詳しく論じた通り、今やノー・ニュークス権が新しい人権として認められるべきであることはむしろ当然のことであり、あとはそのことを大多数の国民が認識できるかどうかが課題となっています。この課題さえ乗り越えることができれば、ノー・ニュークス権は様々に変容し、核や被ばくの恐怖を回避しようとするあらゆる場面で存分に活躍する可能性を秘めた概念なのです。

保険論、社会保障論を専門とし、1980年代より30年以上にわたって原賠法の研究をしてきた本間照光名誉教授は、原発事故を体験した国民にとって、現在、必要となる権利について、本訴訟のために作成した意見書で以下のように述べています。

福島原発事故は、世界の災害史と原発事故史上、かつてなかった災害と損害をもたらしなおも現在進行中である。これまで人類は、個別の生命の終わりにあっても、そこから生まれる新たな生命に希望をつないできた。しかしいま、人類とすべての生命の存続、未来社会の到来を自明のものとすることができなくなっている。世界人権宣言が宣言し、日本国憲法が保障している人間として生きる権利、安全に生きる権利が根こそぎおびやかされているのである。

「全世界の国民が、ひとしく恐怖と欠乏から免かれ、平和のうちに生存する権利を有する」（日本国憲法前文）。

「この憲法が国民に保障する基本的人権は、侵すことのできない永久の権利として、現在及び将来の国民に与へられる」（同第11条）。

この権利を、人びと、すなわち全世界の国民、現在および将来の国民、被害者および潜在的被害者に保障することは、核時代そして原子力発電下においてこそいよいよ現実的で切実なものとなっている。

ここで書かれた、原発事故を体験した今、この核や原発の時代において、全世界の国民、現在および将来の国民、被害者および潜在的被害者に、現実的かつ切実に保障されるべき権利こそが、まさにノー・ニュークス権です。これまでも、時代の推移に伴って、新たに憲法上の保障を受けるべき利益として、プライバシー権などが認められてきましたが、「人類とすべての生命の存続、未来社会の到来」を失うことのないよう、ノー・ニュークス権が認められることが喫緊の課題です。

第4章　財産権と公共の福祉

憲法29条は、1項で「財産権は、これを侵してはならない」として財産権を保障すると同時に、2項では「財産権の内容は、公共の福祉に適合するように、法律でこれを定める」と規定しています。「公共の福祉」とは、人権相互間の矛盾・衝突の調整をはかるための実質的公平の原理です。つまり、法律による財産権の保障ないし制約が無制限に認められるわけではなく、公共の福祉という概念によって限界付けられるのです。損害賠償について規定する責任集中制度も金銭関係、つまり財産権についての立法であるため、その法律が公共の福祉に適合するか否かという観点からその合憲性を検証する必要があります。

ここでは、原発メーカーを免責する責任集中制度は、公共の福祉に適合せず、原発事故被害者らの財産権を侵害するものとして違憲無効であることを論じます。

1　財産権の内容と違憲審査

責任集中制度の概要

はじめに、原賠法が採用する責任集中制度によって定められた財産権の概要を確認します。原発事故による被害者は、電力会社に対して過失の有無にかかわらず、損害のすべてを請求することができる（原賠法３条１項）。他方、仮にその事故が原子炉等の欠陥やそれらを造った原発メーカーの重大な過失によって発生した場合であっても、原発メーカーの責任を問うことはできない（同４条１項および３項）。また、電力会社は、被害者からの損害賠償請求に対応するために１事業所当たり１２００億円の賠償措置を採ることを義務づけられる（同６条ほか）。損害額が１２００億円を超え、かつ必要性があれば、国からの援助を受けることができる（同16条１項）。

ここで主として問題となるのは、本来責任を問えるはずの相手に対して、それが制限されていること、責任を一か所に集中させて、そこには無過失無限責任を負わせるものの、その原資は国民の税金であることです。このような仕組みが公共の福祉に合致するかどうかが最大の争点となります。

違憲審査の方法

ある法律が憲法に適合するかどうかについては、通常、権利制限をもたらす法律の目的と手段の正当性・必要性・合理性などを問う「目的手段審査」という違憲審査手法を用います。原賠法の目的は、「被害者の救済」と「原子力事業の健全な発達」ですから、本来は矛盾するようにみえる2つの目的を並列することの合理性等が問われるべきです。特に「原子力事業の健全な発達」については、同法が制定された1961年当時においてはともかく、今もなお正当な目的といえるかどうかが真摯に検討されるべきですが、この点はひとまず措いておきます。

ここでは、その目的を達成するための手段としての責任集中制度が公共の福祉に適合し、合理的といえるかどうかにつき考察をしてみたいと思います。

特に原賠法は、過失の有無にかかわらず電力会社以外の者をすべて免責としているのであり、故意・過失によって他人の権利を侵害した者は、その被害者に対して不法行為責任を負うという民法上の原則を修正する内容です。不法行為責任は、他人の権利を侵害してはいけないという私人の行為規範としても機能するものです。このような重要な原則が放棄されれば、行為規範としての機能も失うことになり、モラルハザードが起こる危険性もあります。まさに公共の福祉が害される結果になりかねないのです。

したがって、このような原則を修正する立法が、「公共の福祉」への適合性という観点から合理性等を認められるか否かについては、慎重に審査する必要があります。

2　被害者の財産権侵害

原賠法の２つの目的については、立法当時の議論から被害者保護を優先すべきものとして定められたとされています。目的手段審査に当たっても、責任集中という手段が、「被害者の保護」という最優先の目的に合致するかという観点から検証されなければなりません。「原子力事業の健全な発達」という目的に合致する面があるとしても、そのことによって「被害者の保護」がないがしろにされるのであれば、目的達成のための手段として、必要性・合理性を認めることはできません。

原発事故の被害者が、現に被害を受けているにもかかわらず、損害賠償請求できる相手方を電力会社のみに制限されることに関して、ＧＥらは、東京電力に対する国の援助もなされており、今後も必要がある限り援助は継続されるのだから、財産権侵害はないと反論します。しかし、責任を負うべき他の原因者にも損害賠償請求をすることができるとすれば、ＧＥらなどの大企業にも責任追及が可能となり、よりスムーズで充実した賠償の実現が期待できるはずです。被害者らは、責任集中制度によってこのような機会を奪われているのであり、財産権行使が制約されていることは明らかです。ここまでは本訴訟の判決でも認められています。

また、ＧＥらがよりどころとする原賠法16条１項の法解釈としても、国の援助は裁量によるものであって、被害回復に必要なだけ必ず無制限に行われるわけではありません。実際に、同条２項では「前項の援助は、国会の議決により政府に属させられた権限の範囲内において行なうものとする」との留保が付されているのです。

国の財政も無尽蔵ではなく、東京電力の増え続ける賠償責任をこれ以上国に回すのは限界となっています。今後、被害者が十分な賠償を受けられなくなる事態も、十分に想定されるのです。原賠法制定に関わった民法学の権威である我妻栄が、賠償措置額を超える場合の国の援助については「契約上の義務あるいは法律上の義務にはなっておりません」と国会で述べたとおりです。

福島原発事故では、これまでのところ援助が行われていますが、万が一同規模の原発事故が再び起きた場合に、現状と同程度の援助がなされる保証はどこにもありません。被害規模が国家財政を脅かす状況になれば、無制限の援助が行われるとは到底考えられません。国の援助ということは、実質的には税金による東京電力への援助ですから、国民も黙ってはいないでしょう。

責任集中制度は、被害者の財産権行使の相手方を制約するのみならず、完全賠償を妨げることで財産権を実質的に侵害するのです。

3　国民による被害負担

福島原発事故における被害額

２０１６年12月20日、経産省内に設置された「東京電力改革・１Ｆ問題委員会」が発表した「東電改革提言」では、福島原発事故による被害額が約22兆円に上ると示されました。その内訳は、福島第一原発の廃炉・汚染水対策費用が８兆円、被害者への賠償費用が８兆円、除染・中間貯蔵費用が６兆円となっています。

政府の従来の想定では、被害額は11兆円（廃炉費用2兆円、賠償費用5・4兆円、除染費用2・5兆円、中間貯蔵費用1・1兆円）とされていました。今回発表された被害額の半分です。

このような被害想定額の大幅な見直しの背景には、政府の見込みの甘さもありますが、未だに原発事故による被害の全容が見えておらず、廃炉のための方法や技術も現段階で確定していないことがあります。そうすると実際の被害額は、今回発表された22兆円をさらに大きく超えることも十分に考えられます。国内外の財政・金融・経済問題について調査・研究、政策提言を行っている公益社団法人日本経済研究センターは、事故処理費用が70兆円近くに膨らむ可能性があると発表しています。

いずれにしても、このような莫大な被害額は一私企業が自力で支払える範囲を大きく超えており、この費用を誰がどのように負担することが公平なのかということは十分に検討されなければなりません。

被害負担

被害額22兆円については、次ページの表のとおり東京電力、大手電力会社、新電力会社、国で負担するとしています。原発メーカーは含まれていません。

東京電力は、被害額22兆円のうち16兆円を自ら負担するとされています。しかし、「原賠機構法スキーム図」を見てもわかるとおり、これまで支払われてきた被害者への賠償金や除染費用については、原子力損害賠償・廃炉等支援機構を通した国の援助に頼っているのが現実です。被害者への賠償金および除染費用は、原発事故によって発生した原子力損害であり、東京電力が負担すべき費用ですが、今

<参考> 必要資金の全体像

2

	①廃炉	②被災者賠償	③除染・中間貯蔵	合計
総額	**8兆円** (2兆円)	**8兆円** (5.4兆円)	**6兆円** (3.6兆円)	**約22兆円** (11兆円)
負担者	負担額			負担合計
東電	8兆円	4兆円	4兆円	約16兆円
	廃炉等積立金	一般負担金、特別負担金	機構保有の東電HD株式売却益	
	約5,000億円／年			
大手電力	−	4兆円	−	**4兆円**
新電力	−	0.24兆円	−	**0.24兆円**
国			2兆円	**2兆円**

※ 括弧内の数字は、新・総特策定時の想定

東電改革提言に基づき作成

東京電力ホールディングス株式会社発表資料
「新々・総合特別事業計画（第三次計画の概要）より

（参考）原賠機構法スキーム図

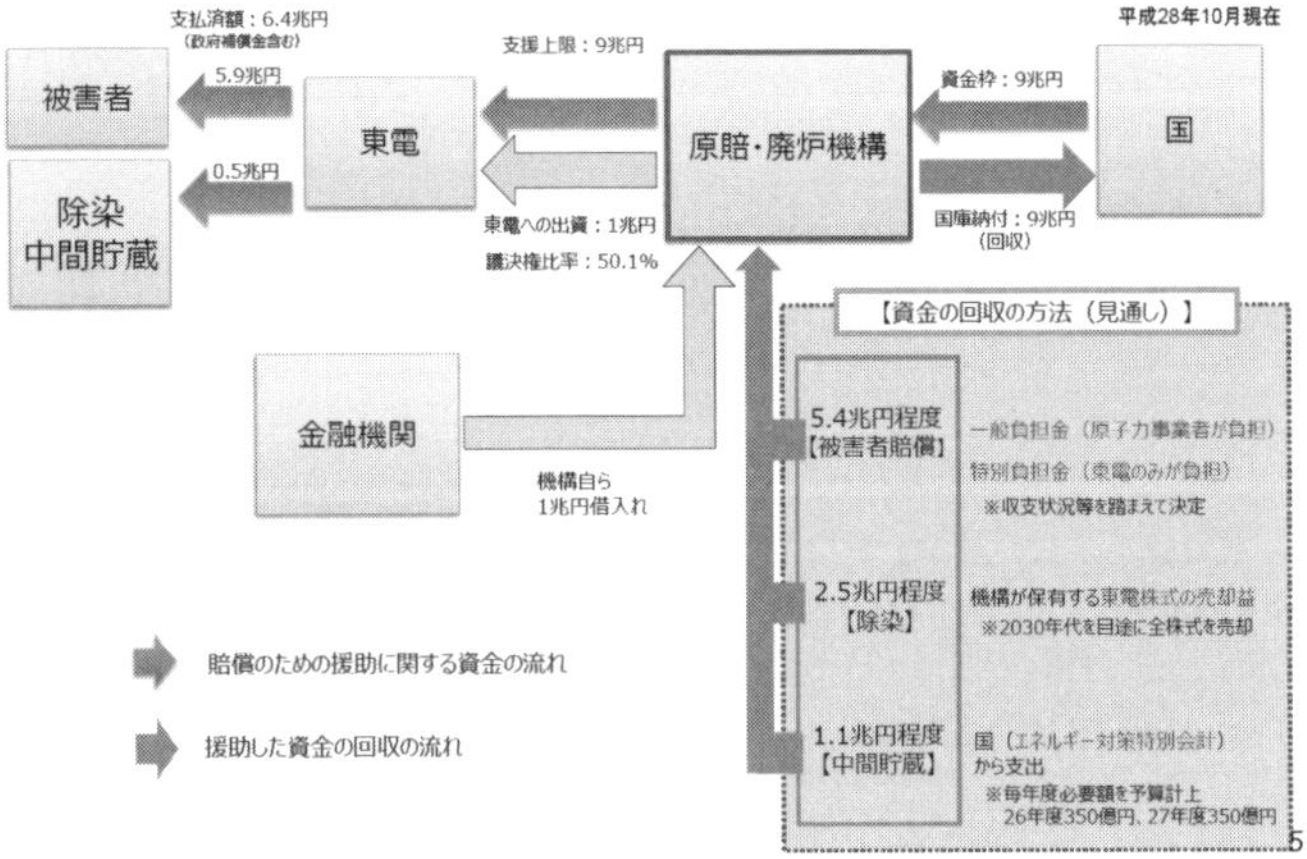

経済産業省ＨＰより
「東京電力を取り巻く状況」2016 年 11 月 2 日資源エネルギー庁

後もこの援助がなければ、東京電力は自力で賠償金を支払っていくことはできません。一私企業の倒産を免れさせるために、多額の税金が投入されているのです。

さらに被害賠償の負担は、東京電力以外の電力会社はもちろん、新規に参入して電気の小売りを行う「特定規模電気事業者」（以下「新電力」といいます）にも及んでいます。政府は２０１６年12月、送電線の使用料にあたる「託送料金」に賠償費用分を上乗せする方針を決定しました。なんと２４００万円分を負担させようというのです。新電力は、原発によって収益を上げていたわけでもなく、原発事故の責任を負うべき立場にはありません。それどころか、この費用は原発による電気を回避するために、あえて新電力を選択した消費者が負担することになるのです。

このように原賠法が責任集中制度を採用し、原発メーカーの免責を定めたことによって、多額の税金や電気料金が被害賠償に充てられることになっています。このことに多くの国民が違和感を感じ始め、それが結果的に避難者へのいわれのない非難へと結びついている点も深刻です。

4　モラルハザード

モラルハザードとは、本来は保険用語で、保険をかけてあるからと故意や不注意で事故を起こしてしまう危険性をいいますが、それが拡大して、一般的に「金融機関や預金者、企業などが節度のない利益追求に走るような、責任感や倫理性の欠けた状態。倫理の欠如」（『大辞林』より）を意味するものとして使われています。

ここでは、東芝で原子炉格納容器の設計に携わっていた元技術者である後藤政志氏が作成した107ページにわたる意見書を中心に、責任集中制度によって免責とされた原発メーカーが著しいモラルハザードに陥っていたことを論証します。

後藤意見書

福島原発事故では、第2章で詳述したとおり、事故時において高圧となった格納容器内を減圧するためのSR弁（主蒸気逃がし弁）が作動しなかったことも重大な原因となっています。

この点につき、後藤意見書は、「SR弁の不作動問題は、『そもそも格納容器およびその中の機器、計器、装置システムすべての設計が〝設計基準値〟（格納容器の最高使用圧力及び最高使用温度）を基にしていること』に対して、『過酷事故に関しては、東芝の格納容器設計部門が協力会社であるIHI社と共同して格納容器の構造的な限界圧力や限界温度を評価しているが、格納容器の中の機器、計器、装置システムが設計基準を越えた使用環境条件（雰囲気）つまり過酷事故条件でどうなるかを正面から評価していなかったから』と推測する。つまり、設計基準と過酷事故基準がダブルスタンダードになっていて、格納容器だけは一応2つの基準で評価しているが、他の機器類の設計基準値は変えていないので、SR弁メーカーの技術者は、SR弁を強制的に開く圧力値を設定する時に、格納容器の設計基準値を用いていることになる。したがって、バルブメーカーの技術者は、『格納容器内の圧力が設計基準値を超え、過酷事故状態になると背圧によりSR弁は開かない』というが、そのことを原発メーカーのSR弁の設計担当は分かっていなかったのではないか」と述べています。

このダブルスタンダードの問題は、シビア・アクシデントの発生可能性を不当に軽視し、原発の安全性を追求してこなかったという原発メーカーの姿勢を端的に示すものといえます。

さらに、「ちなみに、この格納容器内の環境条件に関する問題はSR弁に限ったことではなく、原子炉の水位系が過酷事故時に正常に機能しなかった問題、格納容器内の計器類の不具合が電源喪失とは別に発生した可能性、バルブの開閉に影響を与えた可能性、他の計測システム機器類および冷却システムすべてに関係する重大な問題である。格納容器の設計条件は原子力発電プラントの設計の土台であるが、電力会社も原発メーカーも、過酷事故が本気で起きると思って検討してこなかったからだという点は、国会事故調、政府事故調、民間事故調で指摘されている」として、シビア・アクシデントに対する認識の甘さに言及します。

また、長年原発メーカーにおいて安全設計の中心となる格納容器の設計を担当した技術者として、原発メーカーの責任を次のとおり指弾します。

「通常の技術であれば、事故時に安全装置が働くか検証してから使うが、原発は実規模で事故を再現する実験が不可能であることから、小規模な実験だけで実用化を進めた。この時点で、炉心溶融を起こせば格納容器ももたないことを、メーカーや研究者は熟知していた。しかし、何としても原発の実運用を進めたい意向の産業界の力と、その内部および周辺の科学者・技術者が安全性に関する実験と評価を試みて、都合の悪いデータは公表せず、都合の良い結果だけを集めて公表するようになった。こうしたことは、電力会社や政府・規制機関が経済的な理由や将来の展開を夢想した国策を基に、その下で技術的な開発と製作をしてきた原発メーカーとしての『何としても原子力を企業収益の根幹に置こうとする』強い意志により益々、検証が不十分な原発を世に出していった」

「こうした原子力業界および国策の中で、原発メーカーは自ら安全を追求する姿勢が無くなってきた。特に1990年代に筆者自身が体験したことだが、外部に向かって『原発は絶対安全だ』と喧伝している内に、メーカー内に新しく入ってきた技術者がこの宣伝文句を信じるようになり、技術における安全性の追求を放棄するようになってしまった。建前で言っていた安全神話にメーカー自体が侵されていった。1990年代後半に格納容器設計部門で私が格納容器の耐性評価の必要性を説明するため、新人に格納容器の破壊モード（壊れ方）について説明すると、私の部下にあたる中堅の技術者が『そんなことを言ったら若い技術者が仕事ができなくなるからやめて欲しい』と私をたしなめた。この時すでに、原発メーカーで格納容器を担当している中枢部門は『格納容器が壊れることはない』という安全神話に取りつかれていた。こうなると、一技術者の発言など全く通じないことになり、むしろ『格納容器が壊れることがある』とか『格納容器がどの程度までもつか』などという発言やそうした研究は、原子力業界内では異端の扱いになっていった」

これらはいずれも、原発メーカーが原子力事業を進めていくにあたって、最も重視すべき安全性を軽視し、利益の獲得を最優先にして開発を進めていった様子を如実に示すものといえるでしょう。典型的なモラルハザードの例をここに見出すことができます。

無秩序な肥大化

本訴訟の第一審でGEは、責任集中制度がなければ原発メーカーにとっては「巨額の損害賠償義務を負わされる危険があり・・・原子力関連供給者が原子力事業者に対する供給・サービスの提供を拒む可能性が高い」と述べた。言い換えれば、「甚大な被害が生じる原発事故が発生する可能性があるため、原発メーカーは免責を約束されなければ、製造物を提供しないだろう」ということです。

これこそが原発メーカーの本音でしょう。

原発メーカーは「安全神話」が虚構であることを認識しつつ、自社の製造物から生じた損害については責任を負わないことを条件としてはじめて、原子炉などを供給することができるということです。このような無責任で開き直った態度を恥ずかしげもなく誇示する原発メーカーに、絶対的な安全性を確保する思想などあるはずもありません。

安全性確保のためにコストがかかることは当然です。営利活動を本質とする製造者においては、経済合理性を追求するあまり製造物の安全性がないがしろにされるという危険は常に存在します。このような危険を回避するために製造物責任（ＰＬ）法が制定されたのです。同法が製造者に対する行為規範となっていることからすれば、これを排除する原賠法の責任集中制度は、安全性確保という責務を放棄するモラルハザードを引き起こすことは必然といえるでしょう。

責任集中制度における原発メーカーの免責は、「原子力事業の健全な発達」という目的を実現するための手段として規定されたにもかかわらず、実際には「健全な発達」ではなく「無秩序な肥大化」という結果を招きました。このことからも、責任集中制度がノー・ニュークス権を侵害していることは明らかです。

5　判例の考え方

森林法違憲判決の審査基準

本訴訟の第一審判決は、ある法律が憲法29条2項に反するかどうかの審査基準につき、以下のように述べました。

「財産権に対する規制が憲法29条2項にいう公共の福祉に適合するものとして是認されるべきものであるかどうかは、規制の目的、必要性、内容、その規制によって制限される財産権の種類、規制及び制限の程度を比較考量して決すべきものであるが、裁判所としては、立法府がした上記比較考量に基づく判断を尊重すべきものであるから、立法の規制目的が公共の福祉に合致しないことが明らかであるか、又は規制目的が公共の福祉に合致するものであっても規制手段が上記目的を達成するための手段として必要性若しくは合理性に欠けていることが明らかであって、そのため立法府の判断が合理的裁量の範囲を超えるものになる場合に限り、当該規制立法が憲法29条２項に違背するものとして、その効力を否定することができると解される」

これは、１９８７（昭和62）年４月22日、最高裁が森林法における共有物分割請求権を否定する立法を違憲と判断した、いわゆる森林法違憲判決の審査基準を引用したものです。その概要は、対象となる規制の目的、必要性、内容、制限される財産権の種類、性質及び制限の程度などを比較考量して決すべきとしながら、立法裁量を重視し、目的及び手段のいずれにも「明らか」という条件を付していわゆる「下駄をはかせ」、違憲とする基準を厳しくしたものといえます。

確かに森林法違憲判決は、本件同様、法律が憲法29条２項の「公共の福祉」に適合するか否かを判断したものです。そして、権力分立の原理を前提として、裁判所は立法府である国会の判断を尊重すべきとする考え方自体は妥当なものといえるでしょう。しかし、だからといって、どんな場合でもこの違憲審査基準を自動的に採用すればいいということではありません。特に、人権を制約する法律について、裁判所が国会の立法行為を過度に尊重し、自らの憲法判断を控えようとする意味での立法裁量論の取扱いは、慎重になされるべきです。立法裁量論が妥当するのは、立法府の判断を尊重すべき場合に限定されるのです。

原賠法は、森林法とはまったく異なる法律であり、問題点もまったく違います。森林法違憲判決における違憲審査基準を参考にしつつも、それを本件に適用すべきかどうかは、慎重に検討する必要があります。

森林法と原賠法

森林法違憲判決は、民法256条1項が共有物分割請求権を規定しているにもかかわらず、森林法186条が分割を制限しているため、共有森林の分割を求める者が、同条は憲法29条2項に違反すると主張した事案です。つまり、すでに持っている財産権を行使することについて制限を受けたものであり、財産そのものが毀損されたわけではありません。財産そのものが奪われる事態ではなく、現に所有する財産についての権利のあり方に関する立法行為の裁量に重きが置かれたと考えれば、それなりに合理的理由を見出すことができます。

これに対し、原発事故の被害者が持っているのは、極めて深刻な被害を受け、その甚大なマイナスを回復するため損害賠償請求権という財産権です。被ばくによる生命・身体への危害、将来の子孫に対する悪影響、避難を余儀なくされることによるコミュニティやふるさと、さらには生活や人生そのものの喪失、計り知れない精神的苦痛やストレスといった、本来的には回復不能な損害をやむを得ず金銭に換算したうえでの損害賠償請求権なのです。

このように、原賠法の責任集中制度は、マイナスからの回復を本質とする財産権にさらに制限を加えるものであり、共有森林というプラスの財産権の行使を制限した森林法とはまったく異なる性質の立法だということを軽視してはなりません。

森林法違憲判決の後、2002年2月13日に最高裁が証券取引法の合憲性を判断した判決では、「財産権の種類、性質等は多種多様」、「財産権に対する規制は、種々の態様のものがありうる」としたうえで、「財産権に対する規制が憲法29条2項にいう公共の福祉に適合するものとして是認されるべきものであるかどうかは、規制の目的、必要性、内容、その規制によって制限される財産権の種類、性質及び制限の程度等を比較衡量して判断すべきである」と、立法裁量に触れることなく違憲審査基準を示しました。

同年9月11日の最高裁による郵便法違憲判決は、郵便物について郵便業務従事者の故意または重過失により損害が生じた場合に、国の損害賠償責任を免除または制限した立法に対するものです。不法行為における損害賠償請求権を制約する立法という意味で、本件に類似する事案ということができます。

同判決は「国又は公共団体が公務員の行為による不法行為責任を負うことを原則とした上、公務員のどのような行為によりいかなる要件で損害賠償責任を負うかを立法府の政策判断に委ねたものであって、立法府に無制限の裁量権を付与するといった法律に対する白紙委任を認めているものではない」と明言します。そして、違憲審査基準としては、「当該行為の態様、これによって侵害される法的利益の種類及び侵害の程度、免責又は責任制限の範囲及び程度等に応じ、当該規定の目的の正当性並びにその目的達成の手段として免責又は責任制限を認めることの合理性及び必要性を総合的に考慮して判断すべき」としました。ここにも立法裁量への言及はありません。

これら最高裁の判断に鑑みても、本訴訟において侵害される財産権の種類、性質に照らせば、違憲審査にあたり、安易に立法裁量を重視すべきでないことは明らかでしょう。

6　憲法29条2項違反

責任集中制度は、過失によって他人に損害を与えたものは不法行為責任を負うという意味での民法の原則を修正するものです。この修正によって国民の損害賠償請求権を不当に制約する立法は、当然のことながら公共の福祉への適合性について厳しく審査する必要があります。少なくともその立法の違憲審査に際して、唯一の違憲審査機関である裁判所が、立法府の判断を是とする前提に立つことは極めて危険というべきです。

郵便法事件判決が不法行為責任の原則を修正する本件類似の事案において、立法府への白紙委任ではなく、実質的な目的手段審査を行ったことは極めて妥当であったといえるでしょう。

原賠法の責任集中制度が公共の福祉に適合しているか否かを審査するにあたっては、立法裁量論によらず、実質的に目的の正当性と手段の合理性・必要性を厳密に検討すべきです。そのような審査基準によれば、原賠法はその目的に正当性が認められないばかりか、原発メーカーを免責とする責任集中制度は、目的達成のための手段として必要性・合理性を欠くものであることが明らかになるはずです。

福島原発事故の被害賠償は、電気料金ないし税金という形で、国民全体が広く負担することになっています。その被害負担の枠組みの中に原発メーカーは存在しません。

事故の被害額が多額に上るという場合に、その原因者が責任に応じて賠償額を負担し、それでもなお足りない部分があるときに、国民がその一部を負担するというのであれば、まだ公平性を認めることもできるでしょう。しかし、事故の原因者であり、一私企業にすぎない東京電力を救済するために、税金や電気料金という形で国民から賠償資金を調達する一方、同じく事故の原因者である原発メーカーに全く負担を負わせないという仕組みについて、公平だと評価する人はいないはずです。

そもそも原賠法制定当時は、これだけの規模の被害が発生するとは想定されておらず、原賠法16条1項に基づく「政府の援助」という形式の国民負担も、10兆円を超えるような規模になるとは考えられてもいませんでした。当時の議論をみると、賠償措置額（1200億円）を超えることさえ想定されていません。これだけ大規模な援助を行うことについて、国民の合意があったということはできないのです。原発によって莫大な利益を得てきた原発メーカーが一切の責任を問われることなく、一方的に巨額の負担を強いられることを国民が納得するはずはありません。

このような制度が、実質的公平の原理たる「公共の福祉」に適合しないことは明白です。また、なんら落ち度のない被害者の財産権という人権の制約と事故の原因者である私企業の経済的利益を比較した場合に、被害者保護を後退させて、事故の原因者の経済的利益を優先すべき合理的理由は見出せないのであり、比較衡量の点からいっても、責任集中制度による財産権の制約を定める原賠法の規定は、公共の福祉に適合せず違憲であるというしかありません。

原賠法における責任集中制度は、憲法29条2項に反し無効です。

参考文献

第2章
東京電力福島原子力発電所事故調査委員会「国会事故調報告書」
NHK「メルトダウン」取材班「メルトダウン 連鎖の真相」(2013年、講談社)
同「福島第一原発事故7つの謎」(2015年、講談社)
「技術と人間」(アグネ出版)
井野博満・後藤政志・瀬川嘉之「福島原発事故はなぜ起きたか」(2011年、藤原書店)
「世界」872号(2018年6月、39巻12号、岩波書店)
「科学」(2013年9月、第83巻第9号、岩波書店)
2016年3月2日朝日新聞
第3章
淡路剛久・吉村良一・除本理史「福島原発事故賠償の研究」(2015年、日本評論社)
「環境と正義」(日本環境法律家連盟)
吉田千亜「ルポ 母子避難—消されてゆく原発事故被害者」(2016年、岩波新書)

大島堅一「原発のコスト―エネルギー転換への視点」（２０１１年、岩波新書）
田口理穂「市民がつくった電力会社 ドイツ・シェーナウの草の根エネルギー革命」（２０１２年、大月書店）
「日本の科学者」Vol.48 No.12」２０１３年12月号（本の泉社）
高橋和之先生古希記念「現代立憲主義の諸相（下）」（２０１３年、有斐閣）
辻村みよ子「人権をめぐる15講―現代の難問に挑む」（２０１３年、岩波現代全書）
唯物論研究協会編「〈いのち〉の危機と対峙する」（２０１２年、大月書店）

あとがき

環境正義（Environmental Justice）という言葉を聞いたことはあるでしょうか。環境保護・保全と社会正義・公正とを統合し、環境問題における正義の実現を目指す概念です。1980年代に米国で、アフリカ系黒人が多くを占める地域において有害廃棄物処理施設が集中していることに対する抗議運動などが象徴的な動きとされます。人種的マジョリティ・社会的強者は良好な環境の中で生活することができるが、人種的マイノリティ・社会的弱者は環境破壊の被害者となりやすい、という事実（＝環境的人種差別［environmental racism］）に対する正義の概念です。

また気候変動問題においては、近年「気候正義（Climate Justice）」という言葉をよく目にします。気候的に平衡状態にある地球の大気を公共の財産と見て、その公平な利用を訴える概念です。すなわち、気候変動による被害は地球上の人類に平等に生じるものではない。ある人々はCO_2を大量に排出する快適な暮らしを営んでいる。他方で、高潮や干ばつ、異常気象による甚大な被害を受けている人々がいる。このように、CO_2排出による利益と被害は、多くの場合、世界の貧富の差に帰属するのです。富める人々が利益を享受し、その被害を貧しい人々が強いられるという状態を不正義とみなし、被害者は加害者に対して、すなわちCO_2を無責任に放出して利益を得てきた者に対して、温暖化対策を求める権利をもつ。先進国は途上国に対して、現代に生きる人々は未来の人たちに対して、気候変動の責任をとるべきとされるのです。

原子力問題においても、まったく同様のことがいえます。すなわち、原子力はNPT体制における核保有国とその他の国々との関係のみならず、以下の通り様々な不平等を生み出しています。

原発の建設ないし稼働による巨大な利益を電力会社や原発メーカー、それらと密接な関係を有する政治家や官僚といった、いわゆる「原子力ムラ」の住人たちが独占的に享受する一方、被ばくのリスクは、平時より周辺住民や原発労働者たちが引き受けることになる。さらに言えば、このような被ばく労働者問題は、電力会社の正規従業員ではなく、農漁村地域の出稼ぎ労働者や都市スラムの失業者を下請けとして雇用する構造の中から生み出されている。富とリスクの偏在です。

また、原発立地の促進のため、電源三法（発電用施設周辺地域整備法・電源開発促進税法・電源開発対策特別会計法）を中心とする地域振興を名目とした金銭的誘因で、都市部から離れた海浜地への立地が進められてきました。その結果としての、電気を大量消費する東京のような大都市と原発立地地域である福島などの地方との不平等。処分方法さえ見つけられない核廃棄物を大量に生み出してきた現代世代と、それを一方的に押し付けられる将来世代との不平等。

このように、原子力はその性質上、様々な不平等を不可避的に生み出すことになります。原発は、このような不平等の上にしか存在し得ないのです。

原子力政策による不平等は極めて深刻な性質をもつものであり、正義の観点からはこれを看過することはできません。このような原子力による不平等を是正するための概念を「反核正義（No Nuke Justice）」と名づけたいと思います。

そして、原子力による不利益を一方的に押し付けられる人々には、そこから救済されるべき権利が認められなければなりません。この権利こそがノー・ニュークス権であり、その行使による不平等の是正が反核正義の課題なのです。

最後に、この困難な訴訟を最後まで一緒にやり遂げてくれた弁護団のメンバー、中でも訴状や準備書面の多くの部分を担当してくれた寺田伸子、笠原一浩、吉田理人、片口浩子、吉田悌一郎、岩永和大の各弁護士たちを誇りに思うとともに、心からのお礼を言いたい。本書は彼らの執筆による書面から多くを参考にさせていただいて完成したものです。冒頭に登場した「名だたる面々」の代表である河合弘之弁護士には、その後、弁護団に加わり、共同代表にもなっていただいて、未熟なわれわれを何かとリードしていただきました。また、多数の海外原告を含む約4000名という原告団をまとめていただいた世話人会の方々にも、改めて感謝の気持ちを伝えさせていただきます。

原発のない社会への道のりは決して平たんではありませんが、大胆なしなやかさをもって前を見続けることができれば、それが単なる夢ではなく現実のものとなる日が必ずやってきます。それまでの時間を粘り強く、楽しみながら進んでいきましょう。

福島原発事故から間もなく9年

島　昭宏

昭和三十六年法律第百四十七号

原子力損害の賠償に関する法律

目次

第一章　総則

（目的）

第一条　この法律は、原子炉の運転等により原子力損害が生じた場合における損害賠償に関する基本的制度を定め、もつて被害者の保護を図り、及び原子力事業の健全な発達に資することを目的とする。

（定義）

第二条　この法律において「原子炉の運転等」とは、次の各号に掲げるもの及びこれらに付随してする核燃料物質又は核燃料物質によつて汚染された物（原子核分裂生成物を含む。第五号において同じ。）の運搬、貯蔵又は廃棄であつて、政令で定めるものをいう。

一　原子炉の運転

二　加工

三　再処理

四　核燃料物質の使用
四の二　使用済燃料の貯蔵
五　核燃料物質又は核燃料物質によつて汚染された物（以下「核燃料物質等」という。）の廃棄
2　この法律において「原子力損害」とは、核燃料物質の原子核分裂の過程の作用又は核燃料物質等の放射線の作用若しくは毒性的作用（これらを摂取し、又は吸入することにより人体に中毒及びその続発症を及ぼすものをいう。）により生じた損害をいう。ただし、次条の規定により損害を賠償する責めに任ずべき原子力事業者の受けた損害を除く。
3　この法律において「原子力事業者」とは、次の各号に掲げる者（これらの者であつた者を含む。）をいう。
一　核原料物質、核燃料物質及び原子炉の規制に関する法律（昭和三十二年法律第百六十六号。以下「規制法」という。）第二十三条第一項の許可（規制法第七十六条の規定により読み替えて適用される同項の規定による国に対する承認を含む。）を受けた者（規制法第三十九条第五項の規定により試験研究用等原子炉設置者とみなされた者を含む。）
二　規制法第二十三条の二第一項の許可を受けた者
三　規制法第四十三条の三の五第一項の許可（規制法第七十六条の規定により読み替えて適用される同項の規定による国に対する承認を含む。）を受けた者
四　規制法第十三条第一項の許可（規制法第七十六条の規定により読み替えて適用される同項の規定による国に対する承認を含む。）を受けた者
五　規制法第四十三条の四第一項の許可（規制法第七十六条の規定により読み替えて適用される同項の規定による国に対する承認を含む。）を受けた者
六　規制法第四十四条第一項の指定（規制法第七十六条の規定により読み替えて適用される同項の規定による国に対する承認を含む。）を受けた者
七　規制法第五十一条の二第一項の許可（規制法第七十六条の規定により読み替えて適用される同項の規定による国に対する承認を含む。）を受けた者
八　規制法第五十二条第一項の許可（規制法第七十六条の規定により読み替えて適用される同項の規定による国に対する承認を含む。）を受けた者
4　この法律において「原子炉」とは、原子力基本法（昭和三十年法律第百八十六号）第三条第四号に

規定する原子炉をいい、「核燃料物質」とは、同法同条第二号に規定する核燃料物質（規制法第二条第十項に規定する使用済燃料を含む。）をいい、「加工」とは、規制法第二条第九項に規定する加工をいい、「再処理」とは、規制法第二条第十項に規定する再処理をいい、「使用済燃料の貯蔵」とは、規制法第四十三条の四第一項に規定する使用済燃料の貯蔵をいい、「核燃料物質又は核燃料物質によつて汚染された物の廃棄」とは、規制法第五十一条の二第一項に規定する廃棄物埋設又は廃棄物管理をいい、「放射線」とは、原子力基本法第三条第五号に規定する放射線をいい、「原子力船」又は「外国原子力船」とは、規制法第二十三条の二第一項に規定する原子力船又は外国原子力船をいう。

第二章　原子力損害賠償責任

（無過失責任、責任の集中等）

第三条　原子炉の運転等の際、当該原子炉の運転等により原子力損害を与えたときは、当該原子炉の運転等に係る原子力事業者がその損害を賠償する責めに任ずる。ただし、その損害が異常に巨大な天災地変又は社会的動乱によつて生じたものであるときは、この限りでない。

2　前項の場合において、その損害が原子力事業者間の核燃料物質等の運搬により生じたものであるときは、当該原子力事業者間に書面による特約がない限り、当該核燃料物質等の発送人である原子力事業者がその損害を賠償する責めに任ずる。

第四条　前条の場合においては、同条の規定により損害を賠償する責めに任ずべき原子力事業者以外の者は、その損害を賠償する責めに任じない。

2　前条第一項の場合において、第七条の二第二項に規定する損害賠償措置を講じて本邦の水域に外国原子力船を立ち入らせる原子力事業者が損害を賠償する責めに任ずべき額は、同項に規定する額までとする。

3　原子炉の運転等により生じた原子力損害については、商法（明治三十二年法律第四十八号）第七百八十九条（同法第七百九十条（同法第七百九十一条において準用する場合を含む。）及び第七百九十一条において準用する場合を含む。）及び第八百十二条、船舶の所有者等の責任の制限に関する法律（昭和五十年法律第九十四号）並びに製造物責任法（平成六年法律第八十五号）の規定は、適用しない。

（被害者に重大な過失がある場合における損害賠償の額の算定）

第四条の二　第三条の場合において、被害者に重大な過失があつたときは、裁判所は、これを考慮して、損害賠償の額を定めることができる。

（求償権）

第五条　第三条の場合において、他にその損害の発生の原因について責めに任ずべき自然人があるとき（当該損害が当該自然人の故意により生じたものである場合に限る。）は、同条の規定により損害を賠償した原子力事業者は、その者に対して求償権を有する。

2　前項の規定は、求償権に関し書面による特約をすることを妨げない。

第三章　損害賠償措置

第一節　損害賠償措置

（損害賠償措置を講ずべき義務）

第六条　原子力事業者は、原子力損害を賠償するための措置（以下「損害賠償措置」という。）を講じていなければ、原子炉の運転等をしてはならない。

（損害賠償措置の内容）

第七条　損害賠償措置は、次条の規定の適用がある場合を除き、原子力損害賠償責任保険契約及び原子力損害賠償補償契約の締結若しくは供託であつて、その措置により、一工場若しくは一事業所当たり若しくは一原子力船当たり千二百億円（政令で定める原子炉の運転等については、千二百億円以内で政令で定める金額とする。以下「賠償措置額」という。）を原子力損害の賠償に充てることができるものとして文部科学大臣の承認を受けたもの又はこれらに相当する措置であつて文部科学大臣の承認を受けたものとする。

2　文部科学大臣は、原子力事業者が第三条の規定により原子力損害を賠償したことにより原子力損害の賠償に充てるべき金額が賠償措置額未満となつた場合において、原子力損害の賠償の履行を確保するため必要があると認めるときは、当該原子力事業者に対し、期限を指定し、これを賠償措置額にすることを命ずることができる。

3　前項に規定する場合においては、同項の規定による命令がなされるまでの間（同項の規定による命令がなされた場合においては、当該命令により指定された期限までの間）は、前条の規定は、適用しない。

第七条の二　原子力船を外国の水域に立ち入らせる場合の損害賠償措置は、原子力損害賠償責任保険契約及び原子力損害賠償補償契約の締結その他の措置であつて、当該原子力船に係る原子力事業者が原子力損害を賠償する責めに任ずべきものとして政府が当該外国政府と合意した額の原子力損害を賠償するに足りる措置として文部科学大臣の承認を受けたものとする。

2　外国原子力船を本邦の水域に立ち入らせる場合の損害賠償措置は、当該外国原子力船に係る原子力事業者が原子力損害を賠償する責めに任ずべきものとして政府が当該外国政府と合意した額（原子力損害の発生の原因となつた事実一について三百六十億円を下らないものとする。）の原子力損害を賠償するに足りる措置として文部科学大臣の承認を受けたものとする。

第二節　原子力損害賠償責任保険契約

（原子力損害賠償責任保険契約）

第八条　原子力損害賠償責任保険契約（以下「責任保険契約」という。）は、原子力事業者の原子力損害の賠償の責任が発生した場合において、一定の事由による原子力損害を原子力事業者が賠償することにより生ずる損失を保険者（保険業法（平成七年法律第百五号）第二条第四項に規定する損害保険会社又は同条第九項に規定する外国損害保険会社等で、責任保険の引受けを行う者に限る。以下同じ。）がうめることを約し、保険契約者が保険者に保険料を支払うことを約する契約とする。

第九条　被害者は、損害賠償請求権に関し、責任保険契約の保険金について、他の債権者に優先して弁済を受ける権利を有する。

2　被保険者は、被害者に対する損害賠償額について、自己が支払つた限度又は被害者の承諾があつた限度においてのみ、保険者に対して保険金の支払を請求することができる。

3　責任保険契約の保険金請求権は、これを譲り渡し、担保に供し、又は差し押えることができない。ただし、被害者が損害賠償請求権に関し差し押える場合は、この限りでない。

（責任保険契約の解除の制限）
第九条の二　保険者は、責任保険契約を解除しようとするときは、あらかじめ、その旨を文部科学大臣に届け出なければならない。
2　文部科学大臣は、前項の規定による届出を受理したときは、その旨を当該責任保険契約の被保険者に通知しなければならない。
3　責任保険契約の解除は、文部科学大臣が当該解除に係る第一項の規定による届出を受理した日から起算して九十日の後に、将来に向かつてその効力を生ずる。
4　核燃料物質等の運搬に係る責任保険契約については、保険者は、当該核燃料物質等の運搬の開始後その終了までの間においては、これを解除することができない。
5　前二項の規定に反する特約で被保険者に不利なものは、無効とする。

第三節　原子力損害賠償補償契約

（原子力損害賠償補償契約）
第十条　原子力損害賠償補償契約（以下「補償契約」という。）は、原子力事業者の原子力損害の賠償の責任が発生した場合において、責任保険契約その他の原子力損害を賠償するための措置によつてはうめることができない原子力損害を原子力事業者が賠償することにより生ずる損失を政府が補償することを約し、原子力事業者が補償料を納付することを約する契約とする。
2　補償契約に関する事項は、別に法律で定める。
第十一条　第九条の規定は、補償契約に基づく補償金について準用する。

第四節　供託

（供託）
第十二条　損害賠償措置としての供託は、原子力事業者の主たる事務所のもよりの法務局又は地方法務局に、金銭又は文部科学省令で定める有価証券（社債、株式等の振替に関する法律（平成十三年法律第七十五号）第二百七十八条第一項に規定する振替債を含む。以下この節において同じ。）によりするものとする。

（供託物の還付）
第十三条　被害者は、損害賠償請求権に関し、前条の規定により原子力事業者が供託した金銭又は有価証券について、その債権の弁済を受ける権利を有する。

（供託物の取りもどし）

第十四条　原子力事業者は、次の各号に掲げる場合においては、文部科学大臣の承認を受けて、第十二条の規定により供託した金銭又は有価証券を取りもどすことができる。

一　原子力損害を賠償したとき。

二　供託に代えて他の損害賠償措置を講じたとき。

三　原子炉の運転等をやめたとき。

2　文部科学大臣は、前項第二号又は第三号に掲げる場合において承認するときは、原子力損害の賠償の履行を確保するため必要と認められる限度において、取りもどすことができる時期及び取りもどすことができる金銭又は有価証券の額を指定して承認することができる。

（文部科学省令・法務省令への委任）

第十五条　この節に定めるもののほか、供託に関する事項は、文部科学省令・法務省令で定める。

第四章　国の措置

（国の措置）

第十六条　政府は、原子力損害が生じた場合において、原子力事業者（外国原子力船に係る原子力事業者を除く。）が第三条の規定により損害を賠償する責めに任ずべき額が賠償措置額をこえ、かつ、この法律の目的を達成するため必要があると認めるときは、原子力事業者に対し、原子力事業者が損害を賠償するために必要な援助を行なうものとする。

2　前項の援助は、国会の議決により政府に属させられた権限の範囲内において行なうものとする。

第十七条　政府は、第三条第一項ただし書の場合又は第七条の二第二項の原子力損害で同項に規定する額をこえると認められるものが生じた場合においては、被災者の救助及び被害の拡大の防止のため必要な措置を講ずるようにするものとする。

第四章の二　損害賠償の円滑な実施のための措置

第一節　損害賠償実施方針

第十七条の二　原子炉の運転等を行う原子力事業者は、原子力損害の賠償の迅速かつ適切な実施を図るための方針（以下この条において「損害賠償実施方針」という。）を作成しなければならない。

2　損害賠償実施方針には、損害賠償措置の概要、原子力損害の賠償に係る事務の実施方法、原子力損害の賠償に関する紛争の解決を図るための方策その他の原子力損害の賠償の迅速かつ適切な実施に関し必要な事項として文部科学省令で定める事項を定めなければならない。

3　原子力事業者は、損害賠償実施方針を作成し、又は変更したときは、遅滞なく、これを公表しなければならない。

4　前三項に定めるもののほか、損害賠償実施方針の作成、変更及び公表に関し必要な事項は、文部科学省令で定める。

第二節　特定原子力損害賠償仮払金の支払のための資金の貸付け

（特定原子力損害賠償仮払金の支払のための資金の貸付け）

第十七条の三　原子力事業者は、特定原子力損害（原子炉の運転等により生じた原子力損害のうち、原子力災害対策特別措置法（平成十一年法律第百五十六号）第十五条第三項又は第二十条第二項の規定により内閣総理大臣又は原子力災害対策本部長（同法第十七条第一項に規定する原子力災害対策本部長をいう。）が市町村長（特別区の区長を含む。以下この項において同じ。）又は都道府県知事に対して行つた指示に基づき当該市町村長又は都道府県知事が行つた勧告又は指示に基づく避難のための立退き又は事業活動の制限によつて生じた損害その他これに準ずるものとして政令で定めるものをいう。以下この節において同じ。）を受けた被害者に対して、政令で定める基準に従い、特定原子力損害賠償仮払金（特定原子力損害を填補するために支払われる金銭であつて、当該特定原子力損害の賠償額の確定前に支払われるものをいう。以下この節において同じ。）の支払を行おうとするときは、政府に対し、賠償措置額を超えない範囲内において政令で定める金額を限度として、政府が当該特定原子力損害賠償仮払金の支払のために必要な資金の貸付けを行うことを申し込むことができる。

2　前項の規定による申込みを行う原子力事業者は、文部科学大臣に対し、次に掲げる事項を記載した書類を提出しなければならない。

一　特定原子力損害賠償仮払金の支払の内容

二　政府が行う前項の貸付け（以下この節において単に「貸付け」という。）を必要とする理由及び貸付希望金額

三　貸付けに係る貸付金（以下この節において単に「貸付金」という。）の償還に関する事項

3　文部科学大臣は、第一項の規定による申込みがあつた場合において、特定原子力損害賠償仮払金の迅速な支払のために必要があると認めるときは、遅滞なく、当該申込みに係る貸付けを決定し、その旨を当該申込みを行つた原子力事業者に通知するものとする。

（分別管理）

第十七条の四　貸付けを受けた原子力事業者は、文部科学省令で定めるところにより、貸付金をその他の資産と分別して管理しなければならない。

（特定原子力損害賠償仮払金の支払の報告）

第十七条の五　貸付けを受けた原子力事業者は、文部科学省令で定めるところにより、貸付金を充てて行う特定原子力損害賠償仮払金の支払状況について文部科学大臣に報告しなければならない。

（保険金請求権等の取得等）

第十七条の六　政府は、貸付けを受けた原子力事業者が貸付金を充てて行つた特定原子力損害賠償仮払金の支払の対象となつた特定原子力損害の賠償額が確定したときは、第九条第三項本文（第十一条において準用する場合を含む。）の規定にかかわらず、当該特定原子力損害賠償仮払金の額に応じて、当該原子力事業者が有する当該特定原子力損害の賠償に係る責任保険契約の保険金請求権又は補償契約の補償金請求権を取得する。

2　貸付けを受けた原子力事業者は、前項に規定する賠償額が確定したときは、遅滞なく、文部科学省令で定めるところにより、その旨を文部科学大臣に届け出なければならない。

3　貸付けを受けた原子力事業者は、次の各号に掲げる場合の区分に応じ、当該各号に定める額の限度で、貸付金の償還の義務を免れる。

一　第一項の規定により政府が保険金請求権を取得した場合　当該保険金請求権に係る保険金の額

二　第一項の規定により政府が補償金請求権を取得した場合　当該補償金請求権に係る補償金の額

（業務の管掌）

第十七条の七　この節に規定する政府の業務は、文部科学大臣が管掌する。

（原子力損害賠償・廃炉等支援機構への文部科学大臣の権限に係る事務の委任）

第十七条の八　文部科学大臣は、原子力損害賠償・廃炉等支援機構に、この節に規定する文部科学大臣の権限に係る事務（第十七条の三第三項の規定による貸付けの決定を除く。）を行わせることができる。

この場合におけるこの節の規定の適用については、同条第一項及び第二項第二号中「政府が」とあるのは「原子力損害賠償・廃炉等支援機構が」と、第十七条の六第一項及び第三項各号中「政府」とあるのは「原子力損害賠償・廃炉等支援機構」とするほか、必要な技術的読替えは、政令で定める。

2　文部科学大臣は、前項の規定により原子力損害賠償・廃炉等支援機構に貸付けに係る事務を行わせるときは、その旨を公示しなければならない。

（政令への委任）

第十七条の九　この節に定めるもののほか、貸付金の償還期間及び償還方法並びに前条第二項の公示その他貸付けに関し必要な事項は、政令で定める。

第五章　原子力損害賠償紛争審査会

（原子力損害賠償紛争審査会）

第十八条　文部科学省に、原子力損害の賠償に関して紛争が生じた場合における和解の仲介及び当該紛争の当事者による自主的な解決に資する一般的な指針の策定に係る事務を行わせるため、政令の定めるところにより、原子力損害賠償紛争審査会（以下この章において「審査会」という。）を置くことができる。

2　審査会は、次に掲げる事務を処理する。

一　原子力損害の賠償に関する紛争について和解の仲介を行うこと。

二　原子力損害の賠償に関する紛争について原子力損害の範囲の判定の指針その他の当該紛争の当事者による自主的な解決に資する一般的な指針を定めること。

三　前二号に掲げる事務を行うため必要な原子力損害の調査及び評価を行うこと。

3　前二項に定めるもののほか、審査会の組織及び運営並びに和解の仲介の申立及びその処理の手続に関し必要な事項は、政令で定める。

（時効の中断）

第十八条の二　審査会が和解の仲介を打ち切つた場合（当該打切りが政令で定める理由により行われた場合に限る。）において、当該和解の仲介の申立てをした者がその旨の通知を受けた日から一月以内に当該和解の仲介の目的となつた請求について訴えを提起したときは、時効の中断に関しては、当該和解の仲介の申立ての時に、訴えの提起があつたものとみなす。

第六章　雑則

（国会に対する報告及び意見書の提出）

第十九条　政府は、相当規模の原子力損害が生じた場合には、できる限りすみやかに、その損害の状況及びこの法律に基づいて政府のとつた措置を国会に報告しなければならない。

2　政府は、原子力損害が生じた場合において、原子力委員会が損害の処理及び損害の防止等に関する意見書を内閣総理大臣に提出したときは、これを国会に提出しなければならない。

（第十条第一項及び第十六条第一項の規定の適用）

第二十条　第十条第一項及び第十六条第一項の規定は、平成四十一年十二月三十一日までに第二条第一項各号に掲げる行為を開始した原子炉の運転等に係る原子力損害について適用する。

（報告徴収及び立入検査）

第二十一条　文部科学大臣は、第六条の規定の実施を確保するため必要があると認めるときは、原子力事業者に対し必要な報告を求め、又はその職員に、原子力事業者の事務所若しくは工場若しくは事業所若しくは原子力船に立ち入り、その者の帳簿、書類その他必要な物件を検査させ、若しくは関係者に質問させることができる。

2　前項の規定により職員が立ち入るときは、その身分を示す証明書を携帯し、かつ、関係者の請求があるときは、これを提示しなければならない。

3　第一項の規定による立入検査の権限は、犯罪捜査のために認められたものと解してはならない。

（経済産業大臣又は国土交通大臣との協議）

第二十二条　文部科学大臣は、第七条第一項若しくは第七条の二第一項若しくは第二項の規定による処分又は第七条第二項の規定による命令をする場合においては、あらかじめ、発電の用に供する原子炉の運転、加工、再処理、使用済燃料の貯蔵又は核燃料物質若しくは核燃料物質によつて汚染された物の廃棄に係るものについては経済産業大臣、船舶に設置する原子炉の運転に係るものについては国土交通大臣に協議しなければならない。

（関係行政機関の協力）
第二十二条の二　文部科学大臣は、この法律の目的を達成するため必要があると認めるときは、関係行政機関の長に対し、資料又は情報の提供、意見の開陳その他の必要な協力を求めることができる。

（国等に対する適用除外）
第二十三条　国については第三章、第十六条、第四章の二第二節及び次章の規定、独立行政法人通則法（平成十一年法律第百三号）第二条第一項に規定する独立行政法人、国立大学法人法（平成十五年法律第百十二号）第二条第一項に規定する国立大学法人及び同条第三項に規定する大学共同利用機関法人については同節の規定は、適用しない。

第七章　罰則

第二十四条　第六条の規定に違反した者は、一年以下の懲役若しくは百万円以下の罰金に処し、又はこれを併科する。

第二十五条　次の各号のいずれかに該当する者は、百万円以下の罰金に処する。

一　第二十一条第一項の規定による報告をせず、又は虚偽の報告をした者

二　第二十一条第一項の規定による立入り若しくは検査を拒み、妨げ、若しくは忌避し、又は質問に対して陳述をせず、若しくは虚偽の陳述をした者

第二十六条　法人の代表者又は法人若しくは人の代理人その他の従業者が、その法人又は人の事業に関して前二条の違反行為をしたときは、行為者を罰するほか、その法人又は人に対しても、各本条の罰金刑を科する。

第二十七条　第十七条の二第三項の規定による公表をせず、又は虚偽の公表をした者は、二十万円以下の過料に処する。

著者紹介
島　昭宏（しま・あきひろ）
1962年名古屋市生まれ。アーライツ法律事務所代表弁護士。早稲田大学政治経済学部卒業。
　1985年よりロック・バンド the JUMPS ボーカル。2010年末より弁護士となり、約2か月半後に福島原発事故を迎える。「ノー・ニュークス権」を国民に広げるため、アコースティックユニット「島キクジロウ& NO NUKES RIGHTS」としても活動を展開中。原発、エネルギー、憲法、動物に関する論文多数。共著に『動物愛護法入門－人と動物の共生する社会の実現へ－』（民事法研究会）。
JELF（日本環境法律家連盟）理事、えねべん（地域のエネルギー転換に参画する弁護士の会）代表理事、日本ペンクラブ平和委員会・委員長。

ノー・ニュークスで生きる権利
－原発メーカー訴訟から新しい社会へ

2020年3月11日第1版第1刷発行
定価　本体1600円＋税
著　者　島　昭宏
発行者　小原　悟
発行所　創 史 社
川崎市麻生区王禅寺西 7-18-2-404
TEL,FAX:044-987-5584
郵便振替 00160-7-84922
発売所　八月書館
文京区本郷 2-16-12 ストーク森山 302
TEL:03-3815-0672

装幀／デザイン室レフ　安齋徹雄
表紙ロゴ、裏表紙イラスト／高山尚幸
印刷／モリモト印刷

ISBN978-4-915970-48-1C0036 ¥1600E

THE DECLARATION OF NO NUKES RIGHTS

NO NUKES

原発メーカー訴訟

原告・大大大募集!

「ノー・ニュークス権」宣言

2011年3月11日の福島第一原発事故による、人類がかって経験したことのない大規模かつ深刻な被害は、今なお人々を苦しめている。東京電力に対する数多くの訴訟が提起される一方で、原発メーカーである GE、東芝、日立は、非難の対象とさえされず、海外への輸出によって更なる利益拡大を図っている。

法律が定める「責任集中制度」は原発メーカーが欠陥のある原子炉を造って事故が発生しても、製造者としての責任を一切免除しているのである。

人々に電力会社のみを攻撃させておいて、原発体制は何ら痛痒を感じることなく拡大し続けるという、原子力産業を保護する仕組みが人知れず世界を支配しているのだ。

我々は、この原発体制の中核に切り込むために、憲法13条及び25条を根拠とする新しい人権「ノーニュークス権」を高らかに宣言し、「責任集中制度」が憲法に違反し、無効であることを明らかにする「原発メーカー訴訟を提起することを決意した。

世界中の人々がこの闘いの当事者、すなわち原告として合流することを強く求める。

訴訟委任状

201　年　　月　　日

(〒　　-　　)

捨印

原告　住所:

氏名　　　　　　　　　　印

(電話:　　　　　　　　e-mail:　　　　　　　　)

(株)東芝、(株)日立製作所、ゼネラル・エレクトリック等との間の、2011年3月11日の福島第一原子力発電所の事故に係わる損害賠償請求事件について、下記弁護士及び裏面記載の弁護士を訴訟代理人に選任し、原告がする一切の訴訟行為を代理する権限、訴えの取り下げ、和解、請求の放棄または訴訟参加もしくは訴訟引受けによる脱退、控訴、上告もしくは上告受理の申立てまたはこれらの取り下げ、復代理人の選任を含む一切の行為をする権限を授与します。

記

弁護士　:　島　昭宏　(東京弁護士会)
事務所の所在地:　〒104-0045　東京都中央区築地3-9-10築地ビル3階
事務所の名称:　アーライツ法律事務所
電話　:03-6264-1990
FAX　:03-6264-1998